從認知系統到成交系統，翻轉業績的行銷演講

曹譯文 著

HOLD ALL
THE CARDS

掌控全場

── 從演講臺上 征服市場 ──

掌握行銷演講的核心

激發觀眾熱情，成為目光焦點｜突破心理阻礙，訓練扎實的演講基本功

在各種場合侃侃而談

用實力說服每一位聽眾，輕鬆成交

目錄

目錄

目錄

第 10 章
控場系統：靈活應變，掌控全場

第 11 章
成交系統：掌握成交系統，提升業績

前言

近年來，行銷演講似乎是一件越來越流行的事情。世界第一潛能開發大師安東尼‧羅賓（Anthony Robbins）在世界巡迴行銷演講萬人空巷；美國的 TED、大企業的 CEO、政治家、科學家、創造者，如比爾‧柯林頓（William Jefferson Clinton）、比爾蓋茲（Bill Gates）、理查‧布蘭森（Richard Branson）等世界名人都開始了行銷演講之旅，並獲得了不菲的成績。

會行銷演講的人跟我們拉開的差距越來越大。如果你沒能體會到這一點，不妨回憶一下那些滲透在我們身邊的細節：

在公司裡，口才技能好、能夠高效溝通的人，升遷往往最快；在競選中，會行銷演講、能說服更多的人，從而獲得更多投票；在活動中，能夠清楚表達自己觀點的，往往能給人留下好印象，獲得更多人脈資源……

以上種種都證明了行銷演講的重要性。行銷演講已經成為了一種趨勢，人人行銷演講的時代已經到來了。

而我自己，也是因為行銷演講，改變了人生，成就了夢想。

我是一個 90 後女性演說家，是唯一一位被「銷售女神」破格錄取的終身弟子；也是唯一一位連續 22 次與老師同臺演講的女性演說家；我曾被老師授予「亞洲行銷演講實戰導師」；曾經

前 言

創下 1 個小時的演講成交 170 位全款客戶的奇蹟 ……

　　是的，我是一名 90 後青年，也是一位風華正茂的女性，但因為行銷演講，我已經成就了自己的夢想。如今的我，是兩家公司的董事，被業務尊稱為「亞洲行銷演講實戰導師」。行銷演講是累積財富最快最有效的途徑。

　　我的人生座右銘是「利眾者偉業必成，一致性內外兼修」。我雖年輕，但卻寶劍在手，勢不可當。而這把「寶劍」，就是行銷演講。

　　在我的「行銷演講大系統」課程中，當我從後場走到臺上，穿一身白衣的我，似不染塵埃的文藝女青年。但只要我一開口演講，便能立刻迅速征服所有人。在我的課程裡，常常有學員聽著聽著按捺不住內心的激動，想立刻大展拳腳，開啟自己的行銷演講之旅。

　　很多學員、同行都把我的行銷演講魅力誤認為是我的天賦使然，其實在行銷演講上的才能，並不是我天賦異稟。在沒有接受老師的專業訓練之前，我也像大多數人一樣，不敢在大庭廣眾之下說話，更別說透過行銷演講成交多少客戶了。而我之所以有今天的行銷演講才能，絕大多數源於我自己經年累月的學習和摸索，每一句征服人心的話背後都是我曾經為之付出的汗水。

　　我本來是一個笨嘴拙舌的人，但自從明白「行銷演講是可律

可循的」這個道理以後，我的人生就有了天翻地覆的變化。很多人以為，高明的行銷演講技巧來自天生的語感，可實際上，行銷演講技巧就像做菜一樣，是可以透過學習而掌握的。所以，即使你是一個訥口少言的人，透過學習，一樣可以擁有像我這般的行銷演講才能。

所以，你的開始，從你翻開這本書開始。在翻開本書之前，你需要明確一個現實的觀點：不會行銷演講，你的人生將無法成就夢想。

不會行銷演講，沒有公眾影響力，那麼你和你的產品以及這個公司，對這個世界而言，就永遠是個祕密；不會行銷演講，如果你是老闆或團隊領袖，上臺哆囉哆嗦表現一般，即使再有能力在員工面前也會成為一個笑話，形象大打折扣；不會行銷演講，只能一對一的去談客戶，工作效率太低，耗時耗力；不會行銷演講，眼睜睜看著競爭對手一場招商會進帳幾百上千萬，而你的招商會卻在倒貼；不會行銷演講，公司難以突破業績的瓶頸；不會行銷演講，你永遠受制於人，無法真正駕馭自己的命運……

行銷演講，對於我們每一個人都是至關重要的。在現實中，我經常能看到這樣一種人，他們在臺下時可以與人談笑風生，說得頭頭是道，可是一上臺就直冒冷汗，變成了一個沒嘴的「葫蘆」，縱使心中有千言萬語，嘴上也說不出來。

前言

　　還有一些人，明明有著深刻的思想，獨特的觀點，可是一旦站上講臺，說出來的話就變得支離破碎、寡淡無味，既沒有激情也沒有感染力。精彩的觀點和思想也因為拙劣的演講而被埋沒了。

　　每每看到這樣的現象，我的內心都感到無限惋惜。行銷演講能力的匱乏對於銷售人員、企業家、創業者來說是非常不利的，對內無法清楚地傳達策略思想，不能在員工面前樹立威信，鼓舞員工鬥志；對外無法讓客戶了解品牌理念，賣不出產品，甚至錯失融資、合作的機會。

　　這是最好的時代，也是最壞的時代，行銷演講可以改變企業、改變個人、改變未來，但是沉默也會斷送企業與個人的未來。我看到了太多因為不會行銷演講而錯失機遇的例子，所以我深刻地意識到行銷演講能力是企業和個人成功的關鍵因素之一。我也因此產生了寫作本書的想法，我想把自己的行銷演講知識、行銷演講經驗分享給大家，幫助更多人成就更美好的未來！

　　十年磨一劍，一朝試鋒芒。

　　我在行銷演講行業開拓多年，期間培訓過數百家企業，涉及的行業有傳統製造業，也有電商行業，幫助很多業務員和企業家提升了演講能力和銷售能力。不少銷售人員學習行銷演講以後，不僅業績翻倍，而且實現了升遷加薪。還有一些企業家

和創始人經過我的行銷演講培訓以後，在短時間內就能夠站在講臺上揮灑自如地進行演講，實現了招商、融資、眾籌、合作等目標。

我一直都相信，語言是有魔力的，行銷演講更是一門結合了智力、反應力、領導力、洞察力和掌控力的藝術。這門藝術能幫助我們在競爭日益激烈的環境中披荊斬棘、突破重圍，實現自己的人生價值。很多跟我學習過行銷演講的學員都說：「行銷演講讓我受益良多，它應該被分享給更多的人。」

於是，在大家的支持和鼓勵下，我著有本書，在這本書裡，我傾囊相授出所有關於行銷演講的智慧，讓行銷演講影響更多人、幫助更多人。我將為行銷演講事實奮鬥終生。

在本書裡，我結合實戰案例並提供了實際操作步驟和技巧。從本書中，你可以學習到提升行銷演講基本功的方法，行銷演講流程、發問技巧、控場技巧、互動技巧、成交技巧等。本書適合那些想從事行銷演講的人，也適合那些想改變自己、改變未來的人。

學習這本書，你至少可以收穫以下價值：

學會行銷演講，教你讀懂企業經營的利潤點，從而更好的包裝產品，打造自己的產品策略，比如熱門產品、附屬產品、特色產品；學會行銷演講，教你如何在演講中鋪陳、拉線、引爆，最後成交；學會行銷演講，不單教你怎麼講，還教你怎麼

賣,讓你講完之後立刻就有結果,收錢、收人、收心,透過行銷演講學會招人才、招市場、激勵員工、培訓員工;透過行銷演講學會批發式演講銷售產品、清空庫存、整合資源;透過行銷演講學會向市場融資,融到永遠花不完的錢;透過行銷演講學會做上市路演、演講眾籌。

本書最大的價值在於,不僅教你怎麼講,重點教你怎麼賣,如何狂銷熱賣;不僅教你講話有效果,重點教你講話有結果,把話說出去,把錢收回來;不僅教您的是一套行銷演講系統,重點教你如何寫出一套專屬於你自己的行銷演講系統。

行銷演講對我來說,是人生中的一道光芒,現在,我希望這道光能照亮更多人的人生,我期待拿到這本書的讀者能從中汲取力量、勇氣和智慧,用行銷演講為自己的人生開啟新篇章。

第 1 章
行銷演講是如何翻轉商業，
讓業績增長 10 倍的祕密

　　行銷演講，早已經成為了社會生活的必需品，各種商業活動、社會活動，甚至個人生活都離不開行銷演講。行銷演講是銷售的方法，是溝通的藝術，也是提升個人競爭力的管道，行銷演講正在悄然改變著商業，它可以讓業績翻倍，讓企業重獲新生，也可以讓個人走向成功。這是一個人人行銷演講的時代，你準備好了嗎？

未來的企業家都會是出色的行銷演講家

　　不知大家是否注意到，人類社會在不斷進步的過程中，逐漸呈現出了這樣一種現象 ── 一些企業家不僅將企業打理得井然有序，且自身也變得能說會道。這些享譽世界的成功企業家，不僅是行業內的領軍人物，且一直在努力嘗試運用公眾演說的力量來譜寫這個世界的新篇章。

　　毫不誇張地說，能在未來激烈的市場競爭中脫穎而出的企業家，一定是集心理、社會、教育、演說等眾多身分於一體的行銷演講家。為什麼？因為只有行銷演講家才能同時具備這些條件。

■ 一、賈伯斯：好產品是說出來的

　　眾所周知，史蒂夫‧賈伯斯（Steve Jobs）是美國蘋果公司聯合創始人，他的一生雖然短暫卻充滿了傳奇色彩，他不僅是高科技領域的領軍人物、電腦行業的先驅，更是一位享譽世界的一流行銷演講家。

🗣 行銷演講場景

　　史蒂夫‧賈伯斯的一生充滿了傳奇色彩，19 歲時因經濟原因而休學，後與好友史蒂芬‧沃茲尼克（Stephen Gary Wozniak）於 1976 年在自家車房創立了蘋果公司。1985 年當蘋果公司發展

壯大，一躍成為擁有上千員工的盈利公司時，賈伯斯卻遭遇董事會無情的背叛——罷免職務，並被「趕」出了公司。

十多年後，當蘋果公司因經營不善陷入困局時，賈伯斯不計前嫌回到蘋果，並在 1997 年推出 iMac，發表了個人生涯第一次演說，2007 年推出自有設計的 iPhone 手機，使用 iOS 系統，iPhone 的成功釋出使其成為繼 iMac 之後掀起的第二波改革浪潮。

於此同時，賈伯斯也在一次次的發布會上逐漸擁有了另一個身分——行銷演講大師。

iPhone 的成功釋出，使得創始人賈伯斯由幕後走上了臺前，並兼具了行銷演講家的角色。可以說，賈伯斯在發布會上所講的每一句話，都對當時處於困境的蘋果公司乃至高科技行業產生著重要而深遠的影響。每一次激動人心的演說背後，收穫的不僅是可觀的銷量，更是讓蘋果公司迅速崛起成為科技行業內的領跑者。

很多人只看到了賈伯斯人前的風光，卻不曾看到他背後所付出的努力，他的每一次演說之所以能夠掌聲連連，對整個行業乃至世界產生重要影響，並不完全得益於顧客對公司旗下產品的大力追捧，而是來源於賈伯斯在演講前所做的充分的準備工作。

從賈伯斯的多次演講中，我們可以看出其存在的一些共同點（見圖 1-1）：

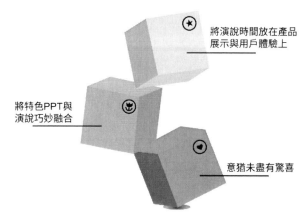

將演說時間放在產品展示與用戶體驗上

將特色PPT與演說巧妙融合

意猶未盡有驚喜

圖 1-1　賈伯斯演說中存在的一些共同點

將演說時間放在產品展示與使用者體驗上

賈伯斯的演說與那些千篇一律的演說不同，他總是別出心裁給人一種耳目一新的感覺。聽了他的演說，你會感覺他根本不是在推銷產品，只是單純地在展示產品的優勢與效能。他從不會將演說的重心放在呆板的數據上，也不會刻意宣揚產品採用了哪些新穎奇特的高科技，而是將演說的時間放在產品展示與使用者體驗上。

比如，在發布會現場，賈伯斯親自向使用者展示 iPhone 的定位、音樂播放、通話、拍照等功能，旨在加強使用者的感官體驗。正因為如此，他的每一次演說都能收到雷鳴般的掌聲。

將特色 PPT 與演說巧妙融合

除了展示產品重視使用者體驗外，賈伯斯在演說時還有一個明顯的特徵 ── 將特色 PPT 與演說巧妙融合在一起。如果你有仔細聆聽和觀察他的演說，就會發現，賈伯斯的 PPT 雖然看上去較為簡約，但在細節的處理上卻非常到位，常常帶給顧客一種身臨其境的感覺。

正是因為賈伯斯一貫推崇的簡約大氣的風格，使得他將這種風格沿襲到了蘋果的品牌 logo 上，只要你稍加留意就會發現，蘋果的店面 logo 大多也採用較為簡約的設計，不會隨意出現文字方面的描述。

在賈伯斯的不斷推崇下，簡約已不單單是他個人的追求，更是成為整個蘋果公司所信奉的理念與追求。在這一點上，賈伯斯透過 PPT 與演說的巧妙結合，將這一簡約理念發揮的淋漓盡致，並將蘋果的一系列發布會一次又一次推向了高潮。

意猶未盡有「驚喜」

聆聽過賈伯斯演說的人，在演說結束時常常會有一種意猶未盡的感覺，除了他的演說深入人心外，最重要的一點就是他總是能在演說結束之餘為顧客帶來不斷的驚喜。可以說，驚喜便是賈伯斯使出的殺手鐧，也正是因為殺手鐧助攻，使得蘋果這個品牌受到了全球顧客的喜愛。

賈伯斯在演說時，經常將「One more thing（還有一件事）」

這句話掛在嘴邊，並用這句話來引出後面的內容。至於後面的內容是新產品的功能展示、新產品的價格還是一場普通的娛樂盛宴，顧客肯定不得而知。但只要這句話一出口，便在瞬間帶給人驚喜，使得顧客內心更為期待。

可以說，締造了一代傳奇的賈伯斯，不僅是一位頂尖的科學研究技術人才，更是一位集心理、社會、教育、演說等眾多身分於一體的行銷演講家。即使賈伯斯已經離開我們，屬於他的傳奇時代已經成為過去式，但他的豐功偉業卻依然影響著我們。尤其是全民追捧的行銷演講時代，他以行銷演講大師的身分，用「說」的方式將企業家領頭羊的作用發揮到了極致。

二、馬雲：公眾演說打造魅力

說到馬雲，大家就會想到他是阿里巴巴集團的創始人，正是因為他堅持不懈的努力，才創造了如今的電子商務帝國。可你知道嗎？除了這些外，他還有一個厲害的頭銜 ——「蠱惑人心」的行銷演講大師。為什麼說「蠱惑人心」？那是因為在他的成功之路上，除了實力凸出外，他的成功也有部分原因是來源於他的演說（見圖 1-2），依靠演說來籠絡人心，輔助集團一步步成長。

用遊說喚醒智慧、
激發潛能

保持自己獨具鮮明
的特色

打造魅力

開誠布公地說出錯誤

勇於堅持夢想

圖 1-2　馬雲在演說中施展的 4 大魅力

用「遊說」喚醒智慧、激發潛能

從馬雲在世界各地的演說中，不難發現，這位享譽世界的著名企業家最喜歡、最熱衷做的一件事，便是運用「遊說術」來說服他人。

雖說馬雲「善遊說」，可他的「遊說」卻與一般人的「遊說」不同，並不是透過「遊說」來達到欺騙他人的目的，而是透過「遊說」來喚醒和激發他人心中隱藏的潛能與智慧，從而創造奇蹟。

保持自己獨具鮮明的特色

馬雲對特色的追求，不只是說說而已，而是切切實實的落實到行動上，將特色的追崇糅合進了企業管理中。

在創業初期，一些網路公司為了在行業內站穩腳跟，便崇

洋媚外地只為國外的一些大型企業提供網際網路服務，但馬雲卻反其道而行之，專門為中小型企業服務。正因為這一獨具鮮明的特色，使得集團在他的帶領下，一步步走出了「特色」，成為一家能在國際上站穩腳跟的世界知名企業。

🗣 開誠布公地說出錯誤

身為一名備受矚目的知名企業家，一路走來，馬雲收穫了很多掌聲與鮮花，但其成功的背後，也飽含了無數次的失敗與艱辛。他在演說中從來不會刻意規避「犯錯」這個話題，正如他自己說的那樣：「我相信任何一個成功的人背後都有過巨大的挫折和失誤。」

🗣 行銷演講場景

在談到創業的這個話題時，馬雲曾在一次公開演說中說到：「對所有創業者來說，永遠要告訴自己一句話 —— 從創業的第一天起，你每天要面對的是困難和失敗，而不是成功！你最困難的時候還沒有到，但有一天一定會到。困難不是不能躲避，但不能讓別人替你去扛。9 年創業的經驗告訴我，任何困難你都必須自己去面對，創業就是面對困難。」

正因為擁有一顆勇於面對困難的決心與勇氣，不逃避錯誤，才使得馬雲勝不驕敗不餒，一路走來收穫了滿滿的成功。

在一些成功的企業家眼裡，恐怕許多人都會「談錯色變」，不願將往昔的錯誤示於人前。但這方面，他卻不走尋常路，在

每一次的公開演說中，毫不避諱的談論自己曾經犯下的種種錯誤。

談論錯誤並沒有帶給演說不利影響，反而讓他對錯誤時刻保持著警醒，且讓自己的形象更在地化，讓自己的心靈與聽眾更貼近。

勇於堅持夢想

我觀察發現，不管是正式還是非正式場合，馬雲在演說中總是三句話不離夢想。對於夢想，有著自己獨特的見解，他說：「人永遠不要忘記自己第一天的夢想，你的夢想是世界上最偉大的事情，就是幫助別人成功。」

正因為勇於堅持自己的夢想，才能在實現夢想的道路上越挫越勇，並在公開的演說中，用他的切身經歷去鼓舞、去激勵、去幫助更多的人勇敢實現自己的夢想。也正因為如此，他才能打造出如今燦爛輝煌的電子商務帝國。

作為企業老闆，如何收服人、心以及金錢

所謂行銷演講，簡單來說就是銷售演講，其目的在於銷，但關鍵點卻是「講」，只有講精華、講道理、講需求、講誠信，才能完成「銷」的目的。從某種意義上來說，行銷演講不單單是為企業引入銷量、創造價值，更多的是讓企業老闆在這一過程中得到全身心的釋放。

畢竟，老闆身為企業的掌門人，既要解決員工的溫飽問題，又要帶領企業發展，其肩上承擔著常人無法想像的壓力與辛勞，所以他們更需要釋放自己。

釋放二字說起來容易，但真正實施起來卻絕非易事。即便你的企業發展勢如破竹、銷量與日遞增、訂單多如牛毛，但這絲毫不能緩解你的壓力。

因為大多數情況下，企業的發展狀況如何，都與老闆的言行舉止密切相關，企業要想成長，就注定老闆要捨棄更多的私人空間，捨棄充足的睡眠時間、捨棄陪伴家人的時間、捨棄外出旅遊的時間，甚至捨棄自己賴以生存的健康，方才換來企業的穩步發展。

任何一家企業，如果失去了老闆這個棟梁，勢必會像破皮的餛飩 —— 亂成一鍋粥，不僅影響企業的未來發展，還會帶給

家人傷害。因此，身為企業的老闆，你只有學會正確的減壓，才能讓自己整個身心得到全部的釋放。那麼，如何減壓呢？很簡單，用行銷演講來徹底的解放自己。

🗣 行銷演講場景

一位事業成功的知名女企業家，由於熱愛旗袍、致力於傳播美麗事業，成立了一家專門為女性打造美麗、建立家庭和諧、傳遞大愛的文化公司，這位女企業家同時還身兼著製造公司總經理一職。

身為事業上的成功女強人，其忍受著常人難以忍受的艱辛與壓力，她是靠著什麼一路支撐走過了酷暑炎熱，迎來了事業上的春天呢？答案就是行銷演講系統。行銷演講系統課程不僅為她的成功創業指明了前進的方向，更讓她收穫成功的同時釋放了壓力，感受到了快樂與幸福。

她曾說：「公司是圍繞我創業、我努力、我精彩這三個核心部分來展開的，雖然成立到還不到 5 年，但我卻始終懷有一份熱情，在這份熱情的支持下，我將與同仁們共同學習、共同成長、共同創造美。將人間的大愛傳遞給每一位女性、每一個家族。」

同時，她還說：「在行銷演講系統的學習中，我的個人演說能力不但得到了成長，幫助自己的企業得到了良好而持續的發展，還因此結識了一群志同道合的美麗時尚女性，改善和調節了自己的壓力與情緒。這讓我由衷地覺得：『行銷演講系統這個平臺實在

在是太棒了，它幫我解決了很多生活與事業上的難題！』」

　　行銷演講系統帶給她的不僅是事業上的成功與心理上的釋放，更多的是藉此機會站在演講臺上為自己的產品造勢與宣傳，並在此過程中獲得快樂與幸福。

　　這便是行銷演講所帶來的種種好處。為什麼我要強調行銷演講系統能為企業老闆帶來徹底的解放呢？因為行銷演講系統能真真切切地帶來福音（見圖 1-3）：

圖 1-3　掌握行銷演講系統帶來的 3 個好處

■ 一、收心：傳遞企業經營理念，使之得到有效的貫徹

　　對於任何一家企業老闆來說，最頭痛的莫過於企業的經營理念得不到有效傳播，無法貫穿整個企業的發展。但身為老闆的你卻不能將時間用於檢查和糾正公司員工，是否有做出違背

企業經營理念的行為上。

　　想要解決這一難題，就必須要掌握行銷演講系統，唯有如此，才能在向公司員工傳遞企業經營理念，使之得到有效的貫徹的同時，讓自己緊繃的神情得到釋放。

■ 二、收人：凝聚團隊共識，提高團隊高效執行力

　　一些企業之所以得不到很好的發展，老闆之所以心靈無法獲得釋放，並不是企業老闆沒有親力親為，而是企業缺乏團隊意識、員工缺乏執行力。這種情況下，提高執行力、凝聚團隊共識便是迫在眉睫的一件事。

　　老闆只有掌握行銷演講系統中的能量、說服等系統，透過「販賣」夢想的形式，來激發員工的激情和創造力，提升員工積極性，才能更好地凝聚團隊共識，提高團隊的高效執行力。

■ 三、收錢：獲得外界資源與強而有力的支持

　　哪怕企業的發展一帆風順，老闆不用起早貪黑事事鞠躬盡瘁，但有兩件事身為老闆的你卻必須親力親為：找投資人和專案融資。比如，企業因專案發展出現資金周轉不靈的情況時，老闆便要親力親為去找可靠的投資人來解決這一難題。

　　這時候，會行銷演講與不會行銷演講的區別便顯現出來了。沒有掌握行銷演講系統的老闆即便是找到了投資人，也可

能因為不懂「銷售」自己，而無法說服對方，而掌握行銷演講系統的老闆會利用自己的優勢說服投資人融資，以此來獲得外界資源與強而有力的支持。

　　身為企業老闆，如何收錢、收人、收心？這恐怕是大部分企業家都會遇到的一個難題，而行銷演講便是解決這一難題的最佳法寶。企業老闆只有掌握了行銷演講系統，合理運用行銷演講方式，才能在解決企業難題的同時，讓自己得到全身心的釋放，收穫健康與快樂。從而讓自己以更好的狀態去管理企業，贏得客戶的讚譽與支持，並帶領企業走向光輝燦爛的康莊大道。

學會行銷演講，
成為頂尖「批發式」推銷專家

所謂「批發式」推銷，是指不採用單個銷售的模式，而是一次性銷售大量產品。由於「批發式」銷售可以很快出售大量產品，付款的速度很快，收益較高，所以不管是商家還是銷售人員，都喜歡進行「批發式」銷售。

那麼，到底該怎樣進行「批發式」銷售呢？答案就是：行銷演講。行銷演講可以獲得很好的銷售效果。

行銷演講人面對著眾多聽眾，如果成交，銷量是非常可觀的。善於運用「批發式」推銷方法的推售高手，他們也是很出色的行銷演講人，可以在很短的行銷演講活動中贏得大量訂單，這就是行銷演講的魔力。

某脫口秀節目收穫了巨大的流量，利用節目的超高人氣，在影片中為觀眾推薦書籍，成功售出很多書籍，在短期內獲取了巨大收益。這就是一個非常成功的行銷演講案例。

🗣 行銷演講場景

為什麼有的人可以迅速獲得如此巨大的商業成就呢？這就受益於他超的行銷演講能力。一名企業家他離職創業，創辦了新媒體，開始了一個趣味性十足的知識型影片脫口秀節目。

　　節目每週播出一期影片，在節目中，他會向觀眾解讀書籍中的觀點、故事，分享自己的想法，並啟發觀眾進行獨立思考，獲得了觀眾一致的好評，很多人成了該節目的忠實粉絲。

　　到了 2014 年 6 月分，他決定賣書。於是，他在節目的粉絲社團試水，向粉絲推出 8,000 套單價為 2,499 元的圖書禮包。結果，只過了 90 分鐘，這批圖書就被搶購一空。

　　之所以獲得如此耀眼的成績，就在於他透過平時的行銷演講「俘獲」了大批粉絲。節目的商業盈利模式是先透過影片為觀眾服務，提供知識，把一本書講述得非常有趣，激發了觀眾的興趣，進而使其認可這本書的優秀之處，從而產生購買欲望。

　　正是憑藉出色的行銷演講能力，他迅速透過賣書獲得了巨大收益。他透過對書籍的內容進行趣味性解說，激發觀眾的探究欲望和閱讀興趣，使其認可書籍的價值，進而心甘情願地購買。

　　他的行銷演講能力的厲害之處還展現在，他賣的書從不打折，但粉絲依然抱有巨大的購買熱情。被稱為頂尖的「批發式」推銷高手是毫不為過的。

　　很多在市場上銷量不高，甚至已經絕版的書籍，透過合作，經過他的推薦以後，往往都能在很短時間內成為熱門商品，其高超的行銷演講能力由此可見一斑。

　　儘管行銷演講具有如此巨大的魔力，但很多銷售人員卻不

敢在臺上面對聽眾演講，只要一面對聽眾，他們的表現就不好，甚至站在臺上就渾身發抖，說話也不通順，支支吾吾的。有些銷售人員在上臺以後趕緊把演講稿讀完，並沒有表現出演講者的樣子。

之所以出現這種情況，根本原因是不知道如何演講，更別提擁有出色的行銷演講能力了。很多人覺得自己之所以做不好演講，是因為沒有天賦，或者認為自己沒有很好的口才。實際上，這只是自己推脫的藉口罷了，其實只是因為自己並沒有訓練好而已。大家切記，只要經過合理的訓練，一個普通的銷售人員也是可以掌握當眾演講的能力的。

那麼，大家要如何做才能提升演講水準，從而提升自己的行銷演講能力呢？我為大家總結了以下幾點（見圖 1-4）：

圖 1-4　提升行銷演講能力的方法

■ 一、相信自己可以做好行銷演講

首先要熱愛銷售這一行業，願意與人打交道，這是提升行銷演講能力的前提條件。人們常說「興趣是最好的老師」，當你對銷售行業充滿興趣，懷有激情時，自然會發揮主觀能動性，積極主動地學習，以提升自己。

其次，一定要保持信心，堅信自己可以做好這份工作。自信並非自負，更不是自傲，是以你的專業能力為基礎的，可以幫助你發揮出更出色的水準。

■ 二、不要把缺乏天賦當作藉口

很多銷售人員覺得，做好行銷演講一定要具備天賦才行，那些行銷演講能力出眾的人，一定有這方面的天賦，他們天生就是這塊料。這種觀念是極其錯誤的，其實每個人都有演講的天賦。

試想一下，當你在單獨聊天的場合時，是否也有過侃侃而談的情況？單獨和朋友聊天可以侃天說地，上了臺就說不好，這說明你並非沒有天賦，只是缺乏專業的行銷演講訓練而已。當你經過專業的行銷演講訓練後，是可以成功做到的。

■ 三、不要把口才好當成信條

　　銷售人員的最終目的都是為產品打廣告，然後將產品銷售出去，而銷售產品就需要獲得客戶的信任。如果無法獲得客戶的信任，客戶是不會購買的，哪怕口才再好，說得天花亂墜也不會成功。因此，要使客戶相信你的產品符合他們的需求，對其有利，同時輔以真誠的表達，最終打動他們的心。

　　從以上可以看出，行銷演講能力是否出色，不在於你的口才是否出眾，語言是否優美，而在於你是否精準地掌握了客戶的心理。因此，銷售人員應多去了解客戶的內心狀態，這是最應該做的事情。

　　當然，銷售人員還要加強基礎能力，基礎能力就是工作的基礎，如果基礎能力不過關，不要說銷售產品，行銷演講是否過關都是個未知數。基礎能力的加強，需要堅持每天學習，多學習行業內的知識，注意行情發展，同時學習一些心理學和行銷學知識，從而不斷提升自己的行銷演講能力，進而成為頂尖的「批發式」推銷高手。

七大行銷演講的核心價值

行銷演講是指用演講帶動銷售。按照定義來看，行銷演講沒什麼複雜的。但行銷演講從嚴格意義上來說，不只會帶來銷量的成長，還有可能帶來其他不可思議的價值。

那麼，行銷演講到底能帶來哪些價值呢？下面我們就來一一分析其帶來的七大價值（見圖 1-5）。

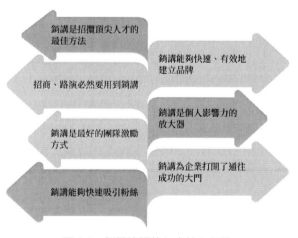

圖 1-5　行銷演講的七大核心價值

■ 一、行銷演講是招攬頂尖人才的最佳方法

人才是一項重要的人力資源，是所有企業都渴望擁有的。然而，人才終歸是稀缺的，並非每個企業都可以獲得很多人

才。鑑於人才的珍貴性及其重要性，大部分企業，包括大型企業和小型企業，都在想方設法吸收人才。他們想出了很多種方法，其中行銷演講是最好的一種。

🗣 行銷演講場景

賈伯斯是一位偉大的企業家，可即便是他，在遇到其他公司的人才時，也會不由自主地打算將人才延攬麾下。

賈伯斯曾成功地將百事可樂的總裁約翰・史考利（John Sculley）招到自己的公司。這件事很有趣，當時賈伯斯只對史考利說了一句話：「你是打算一輩子賣汽水，還是想要和我一起改變這個世界？」最終，猶豫不決的史考利聽從了賈伯斯的「慫恿」，後來非常高興地為賈伯斯工作。

賈伯斯是一位偉大的企業家，同時也擁有出色的行銷演講能力。他的洞察力非同小可，一眼就看出了史考利的真實心理，所以才說出那句話來打動史考利的心。「賣汽水」在當時是史考利的事業，儘管他在擔任百事可樂的總裁時，事業也順風順水，成就也不低，但與「改變世界」相比，誘惑力就小得多了。

頂尖人才最需要的往往不是金錢、權力等膚淺化、庸俗化的東西，他們通常嚮往追求更偉大和宏偉的目標。

只要在與其交流時扣準其心理，在語言上稍微加以修飾，就能成功激發起他們的躍躍欲試之心。

■ 二、招商、路演必然要用到行銷演講

企業要想獲得更大的發展，一定會面臨招商、路演這兩個關鍵性的步驟。招商是為了和其他商家共同發展。一個企業不可能單獨發展，這樣勢單力薄，經不起市場的打擊和考驗。為此，企業要透過招商釋出自己的商品，讓其他商家與自己「並肩作戰」。

路演在最開始的時候是國際普遍採用的證券推廣方式，發展到現在，一提起路演，一般是指企業向外界推薦產品或品牌的方式。

招商和路演，是企業發展壯大的必經歷程，這其中必然會涉及到行銷演講。行銷演講所造成的作用便是輔助招商和路演，作為這兩者的助推力。

儘管行銷演講在招商和路演上並不占據太重要的部分，但若沒有行銷演講，企業在招商和路演時便會失去吸引力，使這兩者對目標對象的感染力失色不少。所以說，行銷演講的重要性怎麼講都不為過，企業永遠不能忽視行銷演講的重要作用。

只要學會行銷演講，便掌握了招商的「武功祕笈」。要知道，招商屬於一對多的批發式行銷，可以節約時間，快速增加財富。掌握了這項能力，就可以源源不斷地獲得巨大財富。

■ 三、行銷演講是最好的團隊激勵方式

行銷演講不止能為企業吸收頂尖人才，也是領導進行團隊激勵的最好方式。很多大型企業的企業家會定期在企業內部進行演講，或者在年會致辭，總結工作、展望未來，並對員工進行鼓勵。他們正是運用行銷演講的方式來激勵下屬或者員工的。

行銷演講為團隊帶來的激勵效果，可能遠遠高於漲薪、年終獎金和升遷等方式。

🗣 行銷演講場景

某公司的 CEO 曾在尾牙上對員工說出了下面這番話，以激勵員工面對接下來的挑戰。

「在接下來的一年，我們要在機制、統籌和激勵三個方面，使我們公司的三大業務和某些新業務的管理層真正掌握業務的主動權，能夠從業務的一開始到結束全權負責和管理。我們接下來要建立超級產品經理制度，這些管理層可以充分利用自己的職權，調動一切可以運用的資源，為客戶服務。我們會更支持內部創業，盡力幫助勇於提出新想法、有工作積極性的年輕人，使他們冒出頭來。公司的高級管理層，熱烈歡迎 80 後和 90 後的加入。」

以上激勵的語言貌似很普通，但如果你夠細心就會發現，最核心的激勵展現在公司高階管理層對年輕員工的熱烈歡迎上。在當前的社會背景下，年輕員工占據了越來越重要的位

置，80 後和 90 後是人數最多的員工群體。不過，傳統企業的高層管理仍舊被 60 後和 70 後這些老員工占據著。員工最希望獲得的就是升遷之路，這樣才能展現自己的價值。因此，他與時俱進地提出了這樣的措施，讓年輕員工有了升遷的希望，這樣一來也就將這些年輕員工的工作積極性就更高了。

不僅如此，年輕員工的升遷也會為某些長期「尸位素餐」的老員工製造了壓力，使其感受到前所未有的危機感，從而使自身發揮更大的作用。所以說，行銷演講對團隊激勵所產生的作用是無法想像的。

■ 四、行銷演講能夠快速吸引粉絲

行銷演講有眾多形式，有的是在正規的舞臺上當眾行銷演講，有的是一對一行銷演講，而有的則是透過網路媒介向網友行銷演講。不管是哪一種形式，都能夠很快地為行銷演講人吸引粉絲。

粉絲有多重要？答案是：要多重要有多重要！在移動網路時代，只要有了粉絲，也就有了商業營運的基礎和前途。

當然，要想吸引粉絲，必須讓內容符合粉絲的需求，與粉絲的喜好一致。企業當然需要將與企業相關的產品或服務介紹給觀眾，但很多行銷演講人在演說時犯了一個重大的錯誤：過於注重展示產品功能，不分主次地把所有功能都介紹出來了，

而且專業詞彙過多，導致普通觀眾難以理解。於是，一種令人尷尬的情境就出現了：臺上說得熱火朝天，激情萬分，臺下卻呵欠連天，滿臉睏倦。

其實，優秀的行銷演講不需要展示所有的產品功能，不需要說出過多的專業詞彙，最關鍵且是觀眾最關心的，是能否感受到輕鬆的氣氛，聽到有趣的內容。如果能營造輕鬆愉悅的氛圍，為觀眾呈現精彩紛呈的內容，觀眾自然會很感興趣，從而把所有內容都聽完，直至成為行銷演講人的粉絲。

■ 五、行銷演講能夠快速、有效地建立品牌

所謂行銷演講，本來就是運用演講的方式促進銷售，所以行銷演講就蘊含了演講、銷售和溝通各種因素。假如企業家、業務員或講師在行銷演講時可以使這三個因素發揮出令人滿意的效果，就可以使觀眾在內心裡建立起對產品和品牌的深刻印象。

所以說，行銷演講能力出眾，能夠為品牌的傳播形成很大的推廣作用。

■ 六、行銷演講是個人影響力的放大器

每個人在其一生中都在不斷地追求提升自己的影響力，而對於企業家來說，提升個人影響力的最好利器便是行銷演講。

要想使個人的影響力不斷提高，毫無疑問，需要接觸更多的人。不過，企業家也是人，沒有足夠的精力和時間去直接進入市場。所以行銷演講就成為了他們親自開啟市場，提升個人影響力的最好辦法。

■ 七、行銷演講為企業開啟了通往成功的大門

　　企業家和銷售人員具有很多共同之處，其中最相似的一點就是都會行銷演講，會與目標對象交流溝通，並且透過行銷演講獲得了成功。企業家做出的完美行銷演講除了開啟市場，增加企業的收益以外，還為企業吸收了頂尖人才，激勵了內部員工不斷奮進。當企業家、高層管理人員和基層員工都為企業充分激情地奮力打拚時，企業的面前也就敞開了一道寬廣的成功之門。可以這麼說，行銷演講為企業帶來的最大收益便是成功。

　　大量的事實證明，行銷演講可以提升成功的效率，節省時間和精力，達到事半功倍的效果。商界傳奇人物，也都是透過行銷演講使公司和產品獲得了大範圍傳播。正是因為有了他們這樣的靈魂人物，企業才能在紅海市場中立足，甚至大放異彩，綻放耀眼的光芒。

第 2 章
認知系統：
演講與行銷演講，你能區分嗎？

　　行銷演講，就是銷售演講，它是推廣宣傳產品的最好方法。行銷演講和普通演講既有區別又有連繫。一場成功的行銷演講必須具備幽默、激情、智慧、目標、感動這五大元素。一個優秀的行銷演講人應該具有出色的觀察力、親和力、溝通能力、語言能力、策劃能力、靈活應對的能力以及強大的氣場。

什麼是行銷演講？它與普通演講有何不同

所謂行銷演講，簡而言之，就是銷售演講，在演講的過程中完成銷售。行銷演講主要包括三個部分，分別是接待說詞、產品推薦和品牌宣傳。行銷演講能力的高低是銷售人員能力的一面鏡子，能夠準確地反映出本人的真實水準。

因此，銷售人員應該學習行銷演講，這樣才能確保自己的職業能力，而這也是銷售人員拓展市場、為公司創造財富的重要方法。可以說，擁有優秀的行銷演講能力，便可以改變自己的一生。

實際上，行銷演講也是一種銷售手法，為的是追求銷售量的提升。行銷演講與傳統銷售方式的不同之處在於，行銷演講並非與某個客戶見面，而是一對多地進行銷售。行銷演講可以獲得「四兩撥千斤」的效果，能夠幫助銷售人員在現場銷售產品和宣傳推廣公司品牌。

其實，行銷演講並不是現在才有的，已出現很長時間了，它所達到的效果是非常驚人的。早在上世紀 90 年代，英特爾公司（Intel Corporation）決定改變半導體晶片不為人知的尷尬境地，實行品牌化策略，便由此開創了在當時非常新穎的行銷策略，即 CES（消費電子展），這一策略為英特爾吸引了數百萬非

科技消費者。英特爾透過在展會上宣傳 Intel Inside，使廣大的消費者熟悉了他們的產品，並記住了品牌的名字，從而使其成為受人矚目的大型公司。

對於當時來說，這種行銷策略是十分先進的，具有很強的創新性，其中也存在行銷演講的作用。

🎤 行銷演講場景

以往人們在購買個人電腦時只關心電腦的硬體配置和軟體配置，幾乎沒人注意位於電腦內部、看不到的電腦晶片。

不過，由於個人電腦的普及程度逐漸提高，消費者的選擇餘地更多，他們也想要知道購買哪個品牌的電腦更好。在這種市場需求中，英特爾抓住機遇，精心策劃了一場展會，為自己的品牌進行宣傳推廣。

英特爾公司在這場展會上展示了自身具備的頂尖技術，而公司 CEO 出席展會，做了一次主題演講，使參加展會的每一位聽眾都了解了該品牌。於是，在這次展會以後，很多消費者在購買電腦時有意只購買帶有「Intel Inside」標記的電腦。

正是憑藉這次出色的行銷演講和行銷，英特爾逐漸成為知名品牌。

英特爾公司 CEO 在展會上的演講其實就是行銷演講。在聽眾面前行銷演講，不僅可以使其看到真實的產品，還能透過形象化的描述，使聽眾更深入細緻地熟悉產品，從而對品牌印象

更深刻。

那麼，什麼是行銷演講，它與普通演講的區別在哪裡呢？下面我將為大家揭開行銷演講的神祕面紗：

■ 一、行銷演講是宣傳推廣產品的最好方法

新產品上市之前，企業都會舉行發布會，企業的負責人會在發布會上演講，來宣傳自己的產品。

以手機行業來說，現在手機迭代率很高，市場競爭激烈，品牌非常多。那麼，怎樣使自己的產品贏得更多的關注呢？大部分手機廠商都會運用產品發布會的形式來做產品的宣傳推廣，以此增加產品的曝光率。

在行銷演講過程中對產品進行宣傳推廣，除了可以增加產品的曝光率，使產品更有名以外，更關鍵的是可以增加產品的銷量，擴大企業的利潤。因此，行銷演講具有雙重作用，既能推廣產品，也能增加銷售。

如果銷售人員在推銷產品時，與某位客戶單獨見面交談，成交率最多只有 50％。假設你銷售某價格為 1 萬元的產品，提成為 20％，也就是說，你每賣出一件產品，就可以獲得 2,000 元的提成。在與客戶單獨見面時，不管你是多麼厲害的銷售人員，也不可能每一次都能成功，但不管成功與否，都要花費 2 到 3 個小時進行溝通。

　　假如你同時面對 100 個人做行銷演講，也是花費 2 到 3 個小時，哪怕成交率只有十分之一到五分之一，至少也有 10 到 20 人購買產品，使你獲得 2 到 4 萬元的財富。這樣一對比就會發現，行銷演講與單獨銷售相比，收入在相同時間內可以增加十倍以上。由此可見，行銷演講能夠十分有效地創造財富。

■ 二、行銷演講與演講是有所區別的

　　任何銷售人員都必須掌握行銷演講技巧。行銷演講技巧既要求銷售人員精準地洞悉消費者心理，也要求銷售人員掌握與消費者溝通的技巧，並且在行銷演講過程中要展現出精彩的演講風格，只要符合這三點要求，現場成交的可能性極高。

　　不過，很多銷售人員對行銷演講的認知存在失誤，他們總認為行銷演講和演講是相同的，無非是在演講時售賣產品而已。實際上，行銷演講和演講的區別很大。儘管行銷演講的形式與演講相似，需要使用一些演講的技巧，但行銷演講的主要目的是售出產品。為了成功地賣出產品，不能只運用演講技巧，還應該運用銷售學和心理學的知識，而這必須經過專業化的培訓才能有效執行。

　　因此，要想說服聽眾購買自己的產品，接受自己的品牌，行銷演講人不能只滿足於做一個演講者，還要具有心理學家的能力，同時還能具備良好的促銷能力。一個出色的行銷演講

人，一定要具備以下特質或能力：

　　透過本節的講述，我相信大家應該可以看出行銷演講與演講的巨大不同了。要想成為一名出色的行銷演講師，應該將演講和銷售的技巧相互結合，激發在場聽眾的心理共鳴，使其產生購買欲望，從而心甘情願地當即成交。

　　整體而言，行銷演講能夠發揮很多作用，對於銷售人員來說，就是透過這種方式來宣傳推廣產品或品牌，打造知名度，賣出產品，收回資金。同時，行銷演講還能夠擴大人脈網，要知道，人脈是非常重要的，一個人的人脈越廣，就越容易做成某件事，對於銷售人員來說也就就更容易賣出產品，為自己增加財富。

　　行銷演講在銷售人員的工作過程中占有十分重要的位置，每一位銷售人員都應該努力提升自己的行銷演講能力。

一場成功行銷演講要具備的五大要素

隨著市場環境的變化，競爭已經日益激烈，行銷演講已經成為一種有力的武器，能幫助企業家和銷售人員在競爭中脫穎而出。無論是與和客戶打交道，還是合作、談判、招商、路演，都離不開行銷演講，行銷演講可以幫我們開拓市場、贏得商機、建立人脈，可以說，成功的行銷演講是我們事業和人生的重要助力。

一場成功的行銷演講，必須要能夠說服別人、打動別人、感染別人。我認為，一場成功的行銷演講必須具備幽默、激情、智慧、目標和感動這五大元素。

■ 一、幽默：以愉快的方式娛人

行銷演講從本質上，就是演講。成功的演講不會過於嚴肅，反而透著幽默的歡聲笑語，幽默是拉近觀眾和演講者之間距離的有效手法。現場觀眾如果被幽默的演講內容逗樂，正好可以說明演講者的內容被觀眾聽進了心裡。枯燥的開場白，無聊的說教，這些都只會讓觀眾覺得無趣、煩悶發睏。如果你使用了一個幽默的開場白，很容易就抓住觀眾的注意力，畢竟人都喜歡聽一些喜悅快樂的話，這才是觀眾真正愛聽的演講。

　　當我們感覺自己的演說正在慢慢失去觀眾的興趣的時候，不妨在語言上幽默一下。因為幽默的言語是演說者激發觀眾熱情的祕密武器，是雙方互動的最佳模式。

■ 二、激情：要有激情燃點，點燃他人

　　在現實中，有些人說話能引起別人的興奮，逗得大家一起高興；而有的人說話只會「自嗨」，讓聽的人不知所云，甚至惱怒。身為演講者，不能只是自顧自地站在臺上自說自話，而應該想辦法引爆全場觀眾的激情。只有演講者自己先有激情，才能透過這種激情去進一步感染其他觀眾，並最終引爆觀眾的激情。

　　俗話說：夢想創造激情！一名演說者如果想要用自己的激情去感染他們，首先要做到的就是在演講現場要對他人灌輸自己的夢想；其次是使用「演」和「講」的技巧來輔助自己，使演說更有感染力。

　　一篇有激情的演講稿是演講者提煉激情的不二法門。演講稿是死板的，但是稿子的內容卻能直接影響演說者的情緒和演講效果。提前準備好的演講稿，能幫助處於「詞窮」狀態下的演講者找回思路，重新回到演講的激情中。

　　最後，演講者要注意自己的結束語，一段強大有力的富有激情的結束語能帶給觀眾深刻的印象。

■ 三、智慧：啟迪心靈，引人入勝

有智慧的演說內容，最能展現演說的價值。我所說的智慧演說，不是演說內容多專業，顯得多有文化內涵。一般演講的聽眾並非專業人士，太過於專業的詞彙只會讓聽眾聽得懵懵懂懂。而智慧的演講不一樣，智慧展現的是一種充滿哲思的觀點，讓觀眾能從中思考和感悟。

身為聽眾，我們會從故事中思考生命的得與失，也是常常在轉瞬間的事，如何正確把握生命的每個時刻，確實是個智慧問題。

■ 四、目標：以終為始，有始有終

演講者必須要有演講目標，有目標才能說服聽眾，沒有目標，誰能知道你講的是什麼呢？任何一場注定成功的演講，從寫演講稿的時候開始，就已經明確演講的目標了。

有經驗的演說家，在演講時看似脫稿的演說，其實演講的內容都沒有偏離他設定的目標。無論演講者使用的是幽默的故事，還是激情的語句，亦或者是充滿哲理的觀點，最終都不過是為一個目標所服務。我們事先預定一個有著清楚目標的演講稿，然後使用各種技巧，讓觀眾和演講內容產生共鳴，將觀眾的注意點一步步引向這個目標。

有目標的演說是提升觀眾信任度的有利方法。每一種演說的目標都不一樣，就像賈伯斯在蘋果手機發布會上的演說是為了

推廣蘋果手機；川普的演講目標是為了競選；胡哲的演講目標是為了鼓勵觀眾，讓觀眾重新燃起奮鬥的勇氣；而我的演講，就是為了鼓勵創業企業的 CEO，向他們傳授企業是如何走向成功的……無論是站在企業的角度演講，還是站在個人的角度演講，無論演講的目的是銷售產品，還是傳播知識，只要我們有明確的目標，而且能讓觀眾信服，那麼，我們的演講就是成功的。

■ 五、感動：用愛心感動聽眾，感動追隨者

感動是人類的情感之一，演說者以富有愛心的演講感動了觀眾的內心，使觀眾因為感動被說服，這就是感動式的演講。一個演講家的「愛心」，不僅是內心對演講的小愛，更是對觀眾的大愛。每一個演說家都是本著「愛」的內容來演講的，因為在演講中，有愛才有情感，有情感才能讓觀眾相信他們，崇拜他們，才能有人願意追隨他們。

「告訴他們，接納他們，把你的精力、熱情以及風度充滿整個房間」這句話就是感動演講的核心所在。我們可以想像這樣一個場景：演講者把自己的感情透過演講的方式告訴觀眾，並且接納觀眾回饋的感情。透過演講舞臺，演講者的精神面貌、熱情的態度以及氣質風度，完完全全影響著整個現場。當感動式的演講進入高潮，整個現場都變成了演講者的領地，所有踏入這個演說領地的人，都會被演講者感動並吸引，這場感動演說，也就取得了最大的效益。

使用能賺錢的行銷演講思維

其實，不管是做銷售，還是做演講，都是需要一定的邏輯思維的，行銷演講也是如此，它需要行銷演講者具備完整的思路，所謂「思路決定出路」，只有行銷演講者擁有完整、系統的思路，才能開啟賺錢的行銷演講思維，才能使行銷演講實現利益最大化。

然而，站在不同的立場，身分不同的行銷演講者在做行銷演講的時候，就會出現思維上的不同。顯而易見的是，只有具備良好思維的行銷演講者才能讓行銷演講產生出更多的價值。

下面，就讓我們一起了解身分不同的行銷演講者所具備的思維將會如何展現吧。

■ 一、業務員的思維

站在業務員的立場上，其行銷演講的出發點和歸屬點都是為了賣出產品，透過賣出產品來滿足顧客的需求，同時也在賣出產品的成果上展現出自己的價值。

從業務員的立場出發，便由此得出業務員的思維具有以下4 種：

1. 業務員思維的起點是工廠

由於業務員所銷售的產品是來自於工廠的，所以業務員思維的起始點便是工廠，然後再由工廠開始了解產品資訊、商家資訊和客戶資訊。

2. 業務員思維的焦點是產品

業務員主要的焦點都在產品上面，因為任何一種產品，都不可能十全十美，或多或少都會有優點和缺點。而這些產品資訊確實是需要業務員必須全面掌握的。

3. 業務員的手法是銷售

業務員主要的手法是銷售產品，銷售產品就是業務員的本職工作。不管是世界著名業務員喬・吉拉德（Joseph Samuel Gerard）還是職場中平凡的業務員，都是脫離不開「銷售」這一獲利手法的。

4. 業務員思維的結果是如何提高銷售量

業務員思維直接帶來的結果，就是思考著如何去提高產品銷售量，以此為自己和公司帶來經濟利益。

根據業務員以上的四種思維，我們可以看出，業務員的目標是銷售，而行銷演講是銷售中的一個重要手法。所以業務員需要完全了解行銷演講的銷售系統，從最初開始掌握業務員的賺錢思維與方法，才能在進行銷售的過程中，銷售出更多的產品，從而讓公司獲取利益。

■ 二、企業家的思維

身為一家企業的管理者，企業家同樣也需要有一套自己獨特的行銷演講思維。因為業務員的思維主要決定了產品銷售量和盈利效果兩個方面，而企業家的思維則掌控了應當如何將公司的產品投放到市場上，並且最大限度地滿足多數顧客的需要，進而實現企業的盈利目的。

那麼，現在讓我們從企業家的角度出發，一起來看看企業家的 4 種思維：

1. 確定以產品為基準的目標市場

企業家思維的起點，是先確定以企業產品為基準的目標市場。任何一家企業都會擁有屬於自己的主打產品或特色產品，所以要根據產品的特性來分析定位目標市場，藉此進一步去鎖定對產品有需求的顧客，以便把產品順利的銷售出去。

2. 專注顧客的需求

企業家思維的焦點主要是在顧客的需求上。只有充分了解並掌握顧客的需求，企業家才能有效地定位目標市場，並且順利地決定企業產品的銷售方向，還有產品在未來的市場中可能會出現的變動。因此，企業家只有時時刻刻關注市場行情，才能把握住整個市場的趨勢與風向。

3. 制定行銷組合

　　企業家思維的主要手法，就是透過市場行情和顧客需求來制定出一套最優的行銷組合，這裡的行銷組合，就是指一家企業為了實現銷售最大化而定製出來的一種行銷手法。一般情況下，企業家都會透過企業產品的價格、銷售模式、銷售管道以及促銷活動等，來制定出最符合市場和企業的行銷組合。

4. 滿足顧客需求而獲得利益

　　企業家思維帶來的結果，就是透過滿足市場中全部顧客的需求而獲得效益。可見，確定目標市場、專注顧客需求以及制定行銷組合等方面的工作，都是企業為了實現銷售目的而進行的。

　　由此可見，企業家的思維決定了企業的出路，只有企業家具備完整而系統的企業家思維，才能讓企業得到更好的發展，才能讓企業更加地穩固。

■ 三、賺錢的三大思維

　　透過學習業務員思維和企業家思維之後，我們知道，不管是業務員，還是企業家，他們的最終目標都是為了給自己和企業帶來盈利。

　　所謂盈利，就是指賺錢。然而，賺錢也有它自己的行銷演講思維。通常，不同的人所具備的賺錢思維有所不同。但凡是

能為自己和企業賺錢的人，都是成功者，他們之所以能成功，往往離不開以下的 3 種賺錢思維：

1. 觀察其他賺錢的人都在做什麼

我們要觀察其他賺錢的人在做什麼，並從中學習他們的優點，對於他們的缺點，我們要知道如何去避免，以防自己犯一樣的錯誤。還有我們可以學習他們的賺錢模式，並且知道在原有的模式上進行挖掘創新，嘗試超過透過原有模式賺錢的人。

2. 剖析其他賺錢的人是怎麼做的

我們要剖析其他賺錢的人是怎麼做的，該思維主要是為了便於自己學習，以防自己犯了其他人已經犯過的錯誤，並且還能從中獲取到一些有利的經驗。因為有時候，其實獲取好的經驗比賺錢還要重要。

3. 總結其他賺錢的人是如何實現賺錢目的的

我們要善於總結其他賺錢的人是如何實現賺錢目的，他們既然能夠賺到錢，就說明他們肯定有一套自己賺錢的辦法，當然這其中必然也存在某些失誤的地方。但不管是他們成功的要點還是他們失誤的經驗，都是值得我們學習的地方，因為這些能夠幫助我們激發自己的思維，從而帶來更好的創新想法。

可見，一個人是否能為自己和企業帶來多大的利潤取決於自己的賺錢思維。所以不管是企業家還是我們普通人，都應該

擁有一套系統的賺錢思維，才能使自己實現銷售最大化。

　　綜上所述，我們現在懂得了，一個人的思路決定了他的出路。在這裡，特別對於透過行銷演講實現銷售目的的業務員而言，我們只有具備完整而系統的賺錢行銷演講思維，才能夠找出一條明亮的賺錢之路，才能夠為了自己和企業賺到更多的錢。

第 3 章
能量系統：
克服恐懼，勇敢登臺

　　成為行銷演講師的第一步就是克服緊張和恐懼心理，勇於上臺，還要紮實自己的演講基本功，學會控制自己的語言、聲音到肢體，讓自己成為一名自信的演講者。當行銷演講者以激情而充滿鬥志的狀態站上演講臺時，他的領袖氣質也會變得越來越強大。

五個克服緊張和恐懼的方法

　　每位成功的演講者，都具有自信灑脫的風采，他們站在講臺上口若懸河、滔滔不絕，用自信和氣場征服臺下的聽眾。相信每個人都想成為這樣光芒四射、魅力十足的演講者。可是，現實的情況往往是事與願違，很多人都被恐懼和緊張捆住了手腳。

　　很多人在演講之前明明準備地很充分，但卻因為恐懼和緊張而影響了發揮，實在令人遺憾。可是，要做好行銷演講就必須要突破這一障礙，克服內心的恐懼。那麼，我們應該怎樣做呢？

　　首先我們應該要做的是先弄清楚自己內心的恐懼感為什麼產生。心理學家指出，恐懼是一種有效的反應方式，是人面對外界刺激和困難時產生的一種心理準備。當我們有了這種心理準備，就可以湧現出一股應對外界困難的力量。可見，恐懼也有好的一面。但是，持續不斷的恐懼會使我們的整個身心陷入緊張狀態中，這樣就會引起我們的身體內部失衡，並產生疾病。所以我們應當學習如何消除自己的緊張和恐懼情緒。

　　我覺得，建立足夠的自信心、做好充分的準備以及培養適應變化的能力，是消除我們演講時緊張和恐懼情緒的有效途

徑。在這裡，我總結了一下自己的演講經驗，得出了以下五種消除緊張和恐懼情緒的方法：

■ 一、自信暗示法

身為演講者，我們不要在上臺前過多地去想那些可能造成演講失敗的因素，比如「聽眾笑我怎麼辦？」「我講不好怎麼辦？」「我忘記演講詞怎麼辦？」「不要害怕不要害怕」等等。其實這種負面的自我心理暗示才最有可能導致我們的演講失敗的原因。

在日常生活中，我們也經常看見這樣的情景：當媽媽看到小寶寶手裡拿著一個玻璃杯子的時候，她總會特別擔心小寶寶把杯子打碎了，就會重複地叮囑小寶寶說：「小寶貝，不要打碎杯子，不要打碎杯子，一定不要打碎杯子！」結果杯子還是被小寶寶打碎了。更加有趣的是到了晚上，在小寶寶睡覺之前，媽媽總是不斷地叮囑道：「小寶貝，今晚不要尿床，不要尿床，一定不要尿床！」結果是小寶寶又尿床了。

這是為什麼呢？因為從心理學的角度上講，人的潛意識是分不清是非對錯和正確與否的，人的潛意識只接納肯定的訊息。那些不要害怕、不要打碎、不要尿床等否定訊息都被潛意識通通排除出去，它只接納緊張、打碎和尿床等肯定訊息。

所以，身為演講者，我們要對自己的演講題材和演講效果

充滿信心，更要從精神上為自己打油打氣，鼓舞自己去爭取成功。通常來說，我們可以採用下面這些積極和正能量的話反覆暗示、刺激自己，比如：

「我的演講題材非常有價值，聽眾肯定會喜歡。」

「我有幽默感，聽眾一定會覺得有趣。」

「我已經準備得很充分了，演講肯定會成功的。」

「我的演講肯定會成功，聽眾肯定會鼓掌喝采的。」

……

這樣的積極心理暗示，我每次演講的時候都會採用，所以我的演講每次都能成功。

■ 二、提綱記憶法

初學演講者通常是把背誦演講稿當作準備充分的象徵。這種背誦記憶法，對初學演講來說，可能是一種必要的準備方法。但是，背誦演講稿依賴的是機械記憶，一字不漏的記憶會讓演講者耗費過多的時間，同時讓演講者容易產生心理麻痹。

在實際演講的過程中，只要演講者因怯場、聽眾吵鬧和設備出現故障等因素而阻斷了自己的演講思路，這時，演講者的機械記憶的鏈條就會被割斷，其腦袋將出現一片空白，造成演講無法進行下去。

另外，演講者的這種過度背誦記憶法，就很容易出現一種機械單調的「背書」式節奏，從而使其缺乏演講者應有的激情和氣場。

對於大多數的演講而言，我們通常提倡採用提綱要點記憶法。提綱要點記憶法的一般步驟如下：

1. 做好與演講相關的筆記

先將我們演講的主題、論點、事例和數據等材料做好筆記，再整理成一張張容易翻閱的卡片；

2. 整理一份演講提綱並做好小標題

對卡片上的資料進行分析比較後，再做補充，最後整理成一份大致的演講提綱，提綱標注各段的小標題；

3. 補充小標題對應的定義

在各段的小標題下方按照順序補充對應的定義、概念、數據、地名、人名和關鍵詞句。

完成以上三個步驟，這時，我們的這份演講提綱才算基本完成了。而通常情況下，我們在進行整理演講材料和編排綱目的時候，就已經透過反覆地思考來掌握自己的演講內容，在演講時也就只是把演講提綱當作提示記憶的依據。

■ 三、目光訓練法

初學演講者經常不敢看向聽眾，更不敢與聽眾進行眼神交流，於是就有了抬頭、低頭和側身等不雅觀的動作。身為初學演講者，我們應該要大大方方地正視聽眾，這是對聽眾的一種禮貌，更是我們與聽眾做到全面互動交流的需要。那麼，我們如何做到與聽眾進行眼神交流呢？要想解決這個問題，我們不妨按照以下的方法來進行訓練：

第一種方法：找人來跟自己對視，並且在對視的過程中兩人都不要說話。

第二種方法：每次我們路過跳舞的阿姨的時候，故意從她們隊伍的前面經過，並且用目光看向她們，想像自己在對她們進行演講。

第三種方法：每次在坐捷運的時候，當人群往上走我們就看著他們的眼睛往下走，同時想像要是對他們做演講，自己應該用怎樣的眼神與他們交流。

其實，除了以上的目光訓練法之外，還有很多其他的方法，這就需要我們平時多多觀察，並且經常訓練了。只要我們在臺下養成習慣了，那麼當我們上臺看聽眾的時候也就顯得非常自然了。

■ 四、呼吸、動作調節法

做適當的深呼吸可以幫助我們緩解緊張、煩悶與焦躁的情緒。所以，當我們在演講時發生怯場的時候，可以透過做深呼吸來調節自己的心理和生理機制：我們先將自己的全身置於完全放鬆的狀態，再把自己的目光轉移到遠方，最後再做緩慢的腹式深呼吸，連續做五到十次，甚至更多次。

就像運動員、主持人或者歌星一樣，他們在上場之前也會做深呼吸來調節自己緊張的情緒。這種方法在心理學上叫做注意力轉移法，就是指原先把注意力擋在擔心上的，現在改把注意力轉移到深呼吸上，藉此使自己完全放鬆下來。

另外，當我們在臺上感到又緊張又害怕的時候，會發現自己渾身的肌肉都緊縮著，掌心都冒出了冷汗，這時，我們要是換個動作或者姿勢，就會直接減輕自己的緊張程度。通常，我們會握緊自己的雙拳，握緊到不能再緊之後再放鬆，這樣的動作多做幾遍，慢慢的，我們的身體就會放鬆下來，這種方法可以叫做動作調節法。

當然，這種動作調節法，還有另外一種，就是每當我們感到緊張的時候，就用力掐自己一下，馬上就能使我們的注意力分散或者轉移，這種方法很簡單也很實用。

■ 五、預講練習法

跟上面的幾種方法做比較，顯然更重要的是靠我們平時多講多練，如果講一次不行，就講十次，如果講十次還不行，就繼續講三十次，甚至五十次……講的次數越多，自己就越有把握。

一般情況下，預講練習有以下兩種方式：

1. 自己撰寫或模仿演講題

為了糾正我們的語音語調，還有提升我們遣詞造句的能力，並且訓練我們的形體語言，我們可以自己撰寫一個演講題，或者是模仿名家的演講，在一些無人打擾的地方獨自演練。就像著名演講家 —— 林肯（Abraham Lincoln），他在青年的時候就常常模仿一些律師和傳教士的演講，在森林或玉米地裡獨自演練。

2. 進行反覆試講

為了參加正規的演講比賽或在較高規格的會議上演講，這時，我們就非常有必要事先進行反覆地試講，試講的時候，最好邀請自己的一些熟人來充當聽眾，這樣一來，不但可以模擬現場氣氛，而且還可以聽取熟人的意見和建議。

我自己也常常在散步的時候反覆練習演講，更多的時候是在正式演講之前，我會選擇在辦公室裡對著大鏡子進行練習，這樣能夠讓我更好地發現自己的臉部表情或手勢有沒有缺點，

如果有缺點，自己就可以及時糾正過來。

　　透過大量的預講練習來幫助我們建立足夠的自信心，同時還有利於我們更好地去發揮，避免因為自己準備不足或不熟悉演講環境而引起的恐懼感。所謂「熟能生巧」，就是這個道理。

　　我就是透過上面提到的五種方法逐步克服恐懼和緊張的，希望能對大家有所幫助。不過，掌握方法只是第一步，根據這些方法不斷訓練自己，提升自己的演講能力，才能真正地突破恐懼，要知道，自信是建立在實力之上的。

如何打造扎實的演講基本功

要成為一名合格的演講者，必須擁有扎實的基本功，要會學用腦，熟記演講稿，掌握科學的記憶方法；還要會用口，提升自己的語言表達能力，學會用語言表達思想、傳遞感情。同時，還應該掌握正確地肢體語言，學會在演講中正確運用手勢和站姿，運用目光和停頓與聽交流。

■ 一、訓練記憶力

記憶的功能是方便人們豐富知識、儲存日常累積的經驗，也是人們成長史上必經的一個發展過程。尤其是在演講中，記憶力的好壞將直接影響著演講者的大腦思維與心理活動，毫不誇張地說，記憶力在演講活動中發揮著重要作用。

因為絕大多數演講都要求脫稿，所以我們要熟記自己的演講稿。如果記不住演講稿，只能讀稿子，那麼演講效果就會大打折扣。如果你總是照本宣科式的演講，那麼表情就會過於木訥，少了聲情並茂的表情與動作，又將注意力過於集中在演講稿上，再精彩動聽的內容也顯得寡然無味。而且，將注意力過於集中在演講稿上，勢必無法與顧客產生互動，沒有互動，想要將演講的氣氛推向高潮，絕非易事。

因此，我們可以得出這樣一個結論：不熟記，無以演講。演講者只有加強自己的記憶能力，熟悉和牢記演講稿內容，才能實現脫稿演講，從而提升自己的演講基本功。具體如何做了，不妨參考以下技巧：

1. 朗讀法

想要運用腦海中的記憶來實現脫稿演講，不妨運用朗讀法，以達到「爛熟於心」的目的。因為人的大腦在接受來自外界的訊息時，會由於接受器官的不同，而造成記憶的保持率不同。

有科學家經過相關試驗發現：人在接受外界認知時，用眼睛去看，3 小時後的記憶維持率在 85％，3 日後維持率在 20％；用耳朵去聽，3 小時後的記憶維持率在 70％，3 日後維持率在 10％；但如果同時運用口、眼、耳三者相結合的朗讀法來記憶，3 小時後的維持率在 85％，3 日後的維持率在 65％。

從這些數字中可以看出，用口、眼、耳三者相結合的朗讀法來加強記憶，其效果更為顯著。朗讀法的好處就在於增強記憶的同時，還能有效鍛鍊口才表達能力。

2. 綱目法

綱目法其實並不難理解，它是指演講者重點抓住演講者的大綱和目錄，以此來展開與產品相關的問題闡述，這樣就能解決忘詞的窘境。

比如，敘事型演講稿一般都會涉及到事情發生的時間、地點、起因、過程、結果等方面的要素，這類型的演講稿在記憶時便可以採用綱目法，只需要提綱挈領的抓住幾個關鍵點，就能由此而聯想出其他的內容。

3. 形象法

形象法也就是我們常說的畫圖法，運用圖文並茂的方式來鞏固腦海中的記憶。根據某權威機構的一項心理學研究發現，人的大腦對一些事物的具體形象容易產生熟悉的感覺，且在這種熟悉的感覺下產生更深層次的聯想。因此，形象法也是加深記憶的一種有效方式。

4. 聯想法

很多人都知道，大腦只有展開豐富的聯想才能創造發散性思維，從而實現創新的目的。不只是創新，在記憶方面也是如此，運用聯想法來展開記憶，可以將人們之前體驗過、想像過的一些潛藏在大腦深處的事物和言語，挖掘出來展開豐富的聯想，方便大腦重新儲存這些記憶。

相信很多演講者都歷經過演講「卡住」的情況，其實我也遇到過，現在的我之所以能在任何場合的演講上暢所欲言收放自如，也是運用了一些技巧來規避這種現象的。我會在一些容易「卡住」的環節做出標記，然後運用聯想法，將與演講相關的事物，不管是聽到、看到還是感覺到的，只要是有關聯性的，都

挖掘出來展開聯想，用聯想法來解決「卡住」時忘記的內容。長此以往，我的記憶力便自然而然得到了提升。

■ 二、掌握口語表達的技巧

眾所周知，演講要想獲得成功，離不開一個好口才。而口才的好與壞，又來源於演講者的口語表達能力，口語表達能力好，演講過程中便不會出現脫泥帶水，頻頻出現的「這個」、「那個」之類的詞。而且，再好的演講內容，若演講者的口語表達能力差，只會讓演講黯然失色。

「冰凍三尺，非一日之寒。」好口才並不是與生俱來的，大多是透過後天的鍛鍊慢慢培養出來的。

我在成為一名行銷演講師之前，也曾口齒不清發音不準，但後來為了鍛鍊自己的口語表達能力，讓自己早日上走向演講的道路，也歷經了許多磨練，口含鵝卵石，每天在空曠的場地練習，直到最後終於糾正了自己的表達能力，後來我才能在講臺上揮灑自如地演講。

口語表達能力的訓練，除了勤學苦練外，也要掌握一定的表達技巧，只有掌握規律和表達技巧，才能提升口語表達能力。具體來說，我們可以從發音、語句、語調三個方面來進行練習和提升。

1. 發音準確、清晰、優美

聲音是我們向顧客宣傳產品優勢與賣點，達到成功銷售的一個重要傳播途徑，因此發音一定要準確、清晰、優美，力求顧客能在我們悅耳動聽的聲音下，接收到我們豐富多彩的思想感情，並從這份情感中感受到我們所銷售的產品的魅力。

那麼，要如何做才能使自己的聲音像銀鈴般動聽，達到一個最佳展示效果呢？在回答這一問題前，我先來向大家解釋下發音的最佳狀態是怎樣的。

通常，最佳狀態呈現為：吐字清晰、語氣溫和、節奏過渡自然、聲音洪亮、清脆悅耳。且聲音具有一定的穿透力，語調能隨著內容的變化而產生相應的變化，能確保在場的每一位顧客或觀眾對我們所要表達的產品理念與效能，有一個清楚的認知。

當然，要想讓語言的表達呈現一個最佳效果，還需要做到以下幾點：

字正腔圓

所謂字正腔圓，其實就是強調語言的基本功，在字音的表達上，要注意區分平舌與捲舌、聲母與韻母、聲調與音節等，避免錯讀與誤讀。

音韻搭配

之所以強調聲調的重要性，其目的就在於聲調能帶來抑揚頓挫的視聽感。而在語言中，雙音節又占據著很大優勢，它與

聲調的抑揚頓挫感融合在一起，能瞬間提升語言在表達過程中的響應度與節奏感。

在提升演講基本功時，若能在音韻方面來一個巧妙搭配，口語表達能力不僅能得到提升，而且還能達到一個聲情並茂的效果。

🗣 聲音洪亮

在向顧客推銷產品時，如果你的聲音如蚊蟲般嗡嗡作響，卻又無法讓顧客聽清楚具體的內容，勢必會引起顧客的反感，如此一來，自然也達不到行銷演講的目的。所以只有學會控制氣息，才能為發音準確、清晰、優美提供充足的動力。

2. 語句流利準確、通俗易懂

在藉助口語來向顧客傳遞訊息時，一定要朝著語句流利準確、通俗易懂的方向去發展，力爭顧客和聽眾一聽就懂。當然，在藉助口語時，也要注意一些口語的基本特點：

(1) 句式短小，這一點恰恰彌補了銷售演講時不宜使用冗繁句子的劣勢。

(2) 通俗易懂，在表達方面，語言更顯生動活潑有朝氣。

(3) 在數據方面不用過多強調精準，用圖片或者 PPT 展示即可。

另外，使用「顯而易見」、「依我看來」等表示個人傾向的詞，使用「但是」、「除此之外」等連接詞，也會使我們的演講講變得形象生動。

　　值得注意的是，在演講時，不能為了美觀性而採取隨意的態度，對樸實的口語任意刪減，這樣很容易破壞語言的整體性與表達性。

3. 語調貼切、自然、動情

　　語調的重要性不言而喻，它在演講過程中有著輔助作用，能將演講的內容真情實意地呈現在顧客面前。人們常說事有輕重緩急，殊不知語言也有輕重緩急，相同的一句話，若在表達上不注重語調的輕、重、緩、急，便會呈現出截然不同的效果。

　　比如：「哇，這裡真漂亮啊！」此話若用舒緩的語氣表達內心的愉悅與讚賞，就會讓人感到舒適愜意；但若用搞怪的腔調表達出來，則給人一種冷嘲熱諷的感覺。因此，在語調的表達上，也要力求貼切、自然、動情，這樣才能達到演講的目的。

　　一般來說，人的大腦在表達堅定、果敢的情感時，語調會由輕變重；在表達歡快、責備的情感時，語調會由強變弱；在表達幸福、欣慰的情感時，語調趨於平穩，變得較輕。可見，一個人在表達內心情感的過程中，學會正確運用語調的變化，才能造成傳情達意的最佳效果。

■ 三、學會控制肢體動作

　　俗話說「站如松、坐如鐘、行如風、臥如弓」，這四句話不僅是對一個人姿態與形象的寫照，同時也展現了一個人的內

涵，一個好的姿態與形象直接決定著他人對你的初始判斷。

尤其是在演講中，肢體動作將決定著顧客對你的第一印象。只有敏銳地注意自己的形態，並從顧客言語間流露出的蛛絲馬跡中，做出相應的調整，才能以最好的形象示於人前。

那麼，我們應如何控制自己的肢體動作呢？不妨從以下幾個方面入手：

1. 恰當的站姿

既然是演講，所面對的聽眾自然不在少數，在這樣的公共場合下，諸如撩頭髮、扯耳朵、抖腿、搓手等這些不良小動作就應該避免。如果實在感到緊張，不妨講個笑話來緩解。

通常，為了讓演講獲得圓滿成功，演講者大都會保持站立的姿勢，那麼如何站才最為恰當呢？一般情況下，丁字步運用的較為廣泛，除了其前後交叉、兩腿略微分開的標準站姿外，它既能站穩又利於移動的特點，也使得其被諸多演說家接受。

當然，一個良好而恰當的站姿，不僅能讓行銷演講者身心放鬆、心情愉悅，還有助於演講的順利舉行。

2. 借用手勢

一個人的魅力與修養，往往可以透過其舉手投足間的表現展示出來，在演講中也是如此。一位著名的學者曾說：「為了強調某個重要的觀點，手勢能縮短你和聽眾之間的距離。」靈活運

用手勢，不僅可以縮短距離，還可以為行銷演講活動增添不一樣的色彩與風景。

但手勢的運用並不是單一的，它是行銷演講者頭部、雙手、身軀、雙腿等部位做出的一系列動作變換，以此來為行銷演講助攻。

當然，手勢的運用也要講究靈活與自然，千萬不要生硬呆板。要知道運用手勢是為了讓演講達到一個錦上添花的效果，而不是造成畫蛇添足的作用。而且，運用手勢時也要力求適當，並不是所有的言語表達都需要用到手勢，也不是同樣的手勢動作重複得越多越好，重點是表現自然。

切記，不可將手插到衣服口袋裡，那樣不僅容易讓肢體支動作受到限制與束縛，還會給人一種不尊重他人的印象。

3. 借用眼睛傳神

人們常說眼睛是心靈的窗戶，這話一點不假，人的目光也能產生傳神的作用，若運用的好，將會為自己的演講帶來奇效。下面我便結合自身經驗介紹幾種借用眼睛傳神的方法給大家：

前視法

前視法就是指在演講過程中，視線保持平行，視演講內容的節奏來推進視線前進，最終將視線落到你與之進行互動的觀眾身上。

♟ 側視法

所謂側視法就是指將視線的走向由「Z」逐漸演變成「S」型。這種也是目前演講中最常見的一類。

♟ 環視法

從字面意思來看，環也就是環顧四周，說白了也就是我們在演講過程中，要從左到右、從上到下、從前到後，四周每個角落都環顧一遍，注意每位顧客的表情與動作，力爭無遺漏。

當然，由於環視法存在視線跨越幅度大，因此在銜接上要力求過渡自然。這種方式較適用於一些大型演講場合。

♟ 虛視法

正所謂「虛即是實，實即是虛」，將虛視法運用於演講中，便可以營造出一種「眼中無顧客，心中有顧客」的真實感。此法也是目前演講中使用頻率較高的一種方式，它可以幫助你在行銷演講過程中克服、消除緊張感。

♟ 點視法

點視法一般應用於演講過程中特殊情況的處理，比如，與顧客在互動過程中產生一些不愉快的經歷時，便可以運用此法來制止觀眾的不良反應與情緒。

♟ 閉目法

閉目法自然是指將眼睛閉住。根據人們正常眨眼的頻率來計算，一分種大概是 5 到 8 次，超過一秒鐘以上就可算做是閉

眼。在行銷演講過程中，若發現自己和觀眾的神情趨於緊張，內心久久不能平靜時，便可運用此法來平復心情。

🗣 仰視法

仰視法就是指視線向上，仰望天空。仰視法往往給人一種尊敬、思索的感覺。

🗣 俯視法

俯視法則是指視線向下，俯視顧客。在表達寬容、愛護時往往採用此法。

值得注意的是，不管是採用以上哪種方式去注視觀眾，都要結合自身情況與演講現場的情況來綜合考慮、交叉運用。且在運用的同時，嚴格掌控節奏，並配以肢體語言與有聲語言來從旁協助，提升自己的演講基本功。

4. 學會停頓

在演講過程中，適當的停頓是增強現場感染力的最佳途徑之一。但這裡的停頓並不帶有隨意性，不是說你想停就停，而是要求在一些重要的片語、單字的前後做停頓，透過停頓來觀察顧客對行銷演講內容的吸收和理解程度、對產品的接受程度。最重要的一點，可以借用停頓的機會與顧客產生互動。

既然有效停頓的好處這麼多，那在具體實施時又會帶來怎樣的結果呢？下面我就為大家揭開謎底：

使演講者的力量更集中

當我們把一張紙放在凸透鏡下，然後聚集陽光的熱量來點燃它，如果我們不停移動凸透鏡，熱量無法集中灼燒一點，那麼這張紙是無法點燃的。若我們能停頓一會，熱量就可以聚集，點燃紙張。在演講中也是一樣，我們要停頓一兩秒鐘來集中顧客的注意力，才能「點燃」他們的思想。

使顧客做好接收訊息的準備

人在呼吸時，會有吸氣與吐氣的過程，此時心臟會有一段間歇期，來緩解運轉過程中的疲勞。其實顧客在聽我們行銷演講的過程中，也會產生視覺與聽覺上的疲勞，此時，我們可以適當地做一些恰到好處的停頓，給顧客一點休息與緩衝的時間，好讓他們能更好的集中注意力，來聆聽我們的演講內容。

這便是停頓的帶來的好處，它可以給予顧客和觀眾一些思考與休息的時間，從而更好的做好接收訊息的準備。

創造充滿趣味的懸念

毫無疑問，充滿趣味的懸念總是能給人一種驚喜與好奇，生活中正因為有了懸念，才充滿了歡聲笑語。演講也是如此，用停頓來製造懸念，吸引觀眾的注意力，然後在觀眾的期待聲中揭曉謎底，這樣將能更好的帶動觀眾的興趣。

訓練記憶力、掌握口語表達的技巧、學會控制肢體動作，只要充分掌握並融會貫通的將這三點加以有效利用，就能快速

提升自己的演講基本功，不管什麼樣的演講場合，都能如行雲流水般，輕鬆應對。

如何成為具有說服力的演說家，
到達一定的境界

有很多超級演說家活躍在各式各樣的演講臺上，他們來自不同的行業，卻都在演講臺上激情演說，表達自我，張揚個性，從而吸引聽眾的目光，同時帶給聽眾極強的現場感與參與性。這些魅力非凡的演說家都有這一個共同的特點——超強的說服力，因此，他們又被叫做「說服力演說家」。

許多人認為說服力和影響力是天生的，有些人天生就擁有令人信服的能力和氣場。其實這種說話是不對的，所謂「寶劍鋒從磨礪出，梅花香自苦寒來。」我認為，說服力和口才都是要經過後天的訓練來獲取的。縱觀古往今來，那些口若懸河、佩佩而談的演說家，都不是天生的，而是他們經過後天的艱苦訓練才獲得的。

因此，我們應當堅信自己透過刻苦的訓練也能達到說服力演說家的境界。現在，在我們講具體方法之前，首先弄清楚為什麼超級演說家擁有超強的說服力？

■ 一、說服力的三大原則

說服行為能發揮作用的地方，都是屬於人內心當中的需求和欲望的。這就說明一點，說服是有規律可循的，而且我們每個人都可以透過訓練獲得說服力。

1. 互惠原則

所謂互惠原則的本質，就是雙贏。

贈送禮物是互惠原則中最原始的一種表現形式，但其產生的效果是很明顯的。所以，身為公司的管理者，也可以採用這種互惠原則的方式，去獲取更多的生意往來。甚至還可以採用互惠原則中更高級別的方式，比如為合作對象展示自己的期望目標，以此引導合作對象回應以相應的行為，從而促使雙方之間形成良好的交往氛圍。

2. 好感原則

如果我們想要別人接受自己的觀點或想法，首先我們要和別人做朋友，以此增加好感度。那麼，我們應該要怎麼做呢？

我曾在雜誌上看到過一篇文章，該文章指出：「當人們知道周圍的人有著一樣的政治信仰和社會價值之後，彼此之間會更容易產生親近感，甚至會產生肢體接觸。」

同樣的道理，一些公司的管理者和領導者，也可以弄清楚自己和合作者之間的共同之處，藉此創造更多的交談機會，以便能夠快速搭建雙方的情感連線，促使對方對自己產生好感。這樣自己就可以樹立友好親切的形象，以便在今後的交往中，容易獲取到更多的合作機會。

當然了，我們在跟別人交往的時候，自己的目的性不應該這麼功利，而是應該真誠以待。同時，當我們得到別人的信任

之後，可以報以別人真心的讚美，以此促進雙方產生更深層次的好感。

在《實驗社會心理學》一書中提到一個觀點：無論讚美的語言是不是出自真心，當人們聽到別人讚美自己時，還是會產生最大的好感。

所以，我總結了好感原則的運用要領：發現相同點，並予以真心的讚美。

3. 權威原則

所謂 KOL，其全稱是 Key Opinion Leader，是行銷學中的一個概念，意思是關鍵意見領袖。一般情況下，KOL 人物會藉助自己的影響力，來吸引粉絲，慢慢獲取粉絲的接納和信任，最後促使粉絲提升購買力。

KOL 與「專家」有著密不可分的連繫。其實，在我們如今紛亂複雜的現實生活裡，大家都習慣於重視專家的說法，往往是專家怎麼說，我們就怎麼做，當然，這樣一來，我們就可以節省很多時間，辦事效率也可以提升很多。

根據研究顯示，如果有專家在網路上發表觀點，那麼就會引起社會上 2％ 的輿論轉向。如果有專家在電視上提出有些觀點，那麼引起輿論轉向的數值更是上升到了 4％。

由此可見，當我們在進行交流的時候，適當地加入一些專家的意見，將會讓人們更容易信服。

　　上面所講的三個原則，都沒有烙上「天才」的專用標籤，這就意味著我們在做說服方案的時候，是可以借鑑這些原則的。待我們充分掌握這些原則之後，就可以做出正確得決策，還可以獲取社交上的認同。

　　了解了說服力的三大原則以後，我們再來看看成為說服力演說家的具體方法。在上一節中，我們已經講了演講的基本功，在此我就不再贅述。但是，要成為一名優秀的說服力演說家，光掌握基本功是遠遠不夠的，我們還應該在以下四個方面提升自己。

■ 二、達到說服力演說家的境界的四大策略

　　1. 在陌生臺上掌握主場，建構自己喜歡的場景，說自己熟悉的話我們當中很多人一旦面對陌生人就會手足無措，這是因為害怕自己沒辦法掌控局面。這個時候，我們不妨建構一個自己最喜歡的情景：

(1) 我們可以準備一段自己熟悉的段子，例如一個幽默風趣的自我介紹或者小笑話，這樣就可以幫助我們找到主場感。

(2) 我們可以採用「反控制」的方式，就是主動提出為聽眾做點什麼，這樣一來，就可以形成互動的氛圍。

(3) 我們可以在聽眾中搜尋幾雙認可自己的眼睛，然後盯著這幾雙眼睛演講，時間一長，我們就會變得越來越有自信

了，待我們重獲自信之後，再繼續把眼睛轉移到別的聽眾身上去。或者，我們也可以事先請自己的親朋好友在臺下配合自己。

(4) 我們可以將聽眾想像為比自己弱小又有趣的人或事物，例如將臺下的聽眾想像為一群活潑可愛的小寶貝或小羊，而自己是正在給他們贈送禮物的大人。

2. 保持閱讀，提升自己的知識儲備量。許多人在畢業之後，就不會再讀書了，因為他們認為沒有讀書的必要了。然而，讀書對我們的事業成功很重要。很多事業成功的人每天都有讀書的習慣，就算他們空餘的時間很少，但是他們還是會保證每天花 30 分鐘來讀書。成功人士尚且如此，何況我們這些尚未成功的人呢。所以，我們就應該保持讀書的習慣，因為透過讀書，我們可以提升自己的詞彙水準、知識和記憶力。而這些知識儲備，能夠幫助我們在每天的生活中說話做事更專業且更有說服力。

3. 演講的主體是聽眾，演講邏輯要按照聽眾的思考線索走。很多演講者在演講的時候，都容易陷入這樣的一個失誤，就是他們的演講邏輯是依照樹狀結構去整理的，但實際上，絕大多數的聽眾的思維是線性的，這就導致了演講者的演講邏輯跟聽眾的思維邏輯不在一個頻率上。

所以我們應該要牢記一點，就是我們是為了幫助聽眾解決

問題而來的，而不是自己想說什麼就說什麼的。因此，我們在進行演講之前，最關鍵的一點是必須按照線性思維去整理演講稿的主幹。另外，我們還要注意，我們所講的專業術語，一定要使用能夠讓聽眾聽得懂的解釋，這樣聽眾才能領悟到我們的用意。

4. 連線聽眾，必須拿出我們的「真性情」。每當我們在聽別人演講的時候，如果演講者沒有提前講清楚自己的身分，我們聽眾就會疑問，這個人是誰？講這個話題的目的是什麼？他是一個專業的人嗎？等等，所以，互換一下立場，如果我們是演講者，又想要聽眾接受自己，是不是應該拿出自己的「真性情」。

所謂真性情，就是真誠、感性和熱情，我們要明確告訴聽眾自己的來歷。我們擅於向聽眾展現自己真實脆弱的一面，讓聽眾在心裡覺得：「啊，原來他也跟我一樣呀。」這樣的心理感受，才能讓聽眾消除對我們的牴觸，進一步接受我們。我們還要對自己所講的內容充滿熱情，同時認為自己非常厲害，一旦我們有了這種自我認同感，自然就能調動聽眾的熱情了。

成為一名說服力演說家，絕非一日之功，需要我們付出辛勤的汗水，也不可能一蹴而就，而是需要持續的努力。但我相信，只要找對方法，勤奮努力，每個人都能成為說服力演說家、成為行銷演講高手，這也是我寫這本書的初衷。

第 4 章
流程系統：掌握黃金六大流程

　　行銷演講是一門藝術，更是一門技術，對行銷演講者來說，行銷演講的最終目的就是成交。為了達到這一目的，行銷演講者必須掌握行銷演講的流程和步驟。只有這樣才能達到最終目的，讓客戶成為「囊中之物」。

設計行銷演講的步驟流程

　　行銷演講是一種技巧，也是一門藝術。對業務員而言，行銷演講是能夠讓客戶掏錢買東西的關鍵步驟，也是讓客戶實現成交的必要方法。那麼，業務員如何才能成為金牌金牌行銷演講家呢？在這裡，我們將會講到關於這個問題的答案，那接下來，就讓我們一起來學習業務員必須掌握的行銷演講的六大步驟吧。

■ 一、分析行業大趨勢和產品小趨勢

　　我們知道，大趨勢是代表某個行業的發展價值觀，每個事物的發展都是要服從大趨勢才能在這個社會上站穩腳跟。由於大趨勢是大多數人認同的價值，所以行銷演講者應該藉助自己所屬行業的大趨勢來取得客戶的認同感，以大趨勢為觸角將客戶拉到自己產品的小趨勢上來，進一步促使客戶從情感上認可自己產品的價值。

　　所謂趨勢，就是指事物發展的大致方向。市場上的某一行業只要呈現上升趨勢的情形，這時就會吸引大批人的湧入，同時還會帶動該行業內一切相關產品或服務的價格和銷量。所以，多數客戶都樂於追逐市場中呈現上升趨勢的行業。

　　通常，每個行業呈現上升的狀態都是筆直的一條線的，而

是像拋物線一樣彎彎曲曲的。不管多麼好的趨勢，也都是有高峰和低谷的。對業務員而言，客戶看中的其實不是高峰和低谷，而是未來最可能出現的成長趨勢。所以，業務員要是能在剛開始的時候就讓客戶看到行業發展的成長大趨勢，那麼，客戶就會對該行業有信心，也就會促進雙方的成交。

■ 二、強化自身優勢

　　行銷演講者一定要避開陷入「直降優勢」這個失誤，因為在這個世界上，沒有什麼事物是絕對完美的，包括我們自己的產品也是一樣的。我們的產品也有優點和缺點，只是在我們向客戶講解產品的過程中，我們要有技巧地強化產品的優勢，盡可能地降低產品的劣勢。這就是說，我們要重點凸出產品的優勢，用優勢吸引客戶。而凸出產品的優勢，我們可以採用例項的方式來證明，當然，還可以用反例的方式來襯托。

1. 借用反例來襯托優勢

　　當我們借用反例的方式來襯托產品優勢的時候，我們要懂得適度行之，切不可陷入貶低競爭對手而抬高自己這樣的雷區。

2. 借用例項來證明優勢

　　藉助例項來證明產品優勢，這是行銷演講者通常採用的最佳方法。行銷演講者可以直截了當得舉出其他購買者購買該產品時得到的益處，進而增加客戶的信賴度。當然，借用例項來

證明產品優勢不能只是單純靠口頭來說，而是要借用其他例項中的圖片、數據和影像資料等等，這樣才能讓客戶進一步發現產品的優勢。

3. 反其道而行，加強產品印象

所謂反其道而行之，就是一種逆向思維，它貫穿了我們的整個行銷演講系統，比如當客戶向我們提問的時候，我們可以反過來提問客戶，促使客戶說出自己想要的產品的特徵。

■ 三、用案例和事實樹立榜樣

所謂榜樣的力量是無窮的，身為行銷演講者，我們應該對自己樹立一個前進的目標，同時為自己找一個榜樣，然後以這個榜樣的標準來嚴格要求自己，以便督促自己努力向前發展。我們在行銷演講時也可透過優秀案例來為聽眾樹標竿，讓案例中的榜樣影響聽眾。

這裡的案例可以是老顧客分享心得，也可以是名人事蹟，或者關於產品的正面例子等，案例作為標竿，能夠對聽眾或顧客產生很強地帶動作用。

■ 四、運用視覺化工具

如今我們生活在視覺化的時代，天天面對的是鋪天蓋地的檢視廣告。所以，身為行銷演講者，我們應該要跟上時代的步

伐，也才運用先進的工具來讓自己的資訊視覺化，然後再用視覺化的資訊代替普通語言進行表達，這樣才能讓客戶更加直觀地理解我們所要傳達給他的內容。

在行銷演講的過程中，行銷演講者可以進行視覺化的目標是非常多的，比如產品的使用效果與產品相關的數據資訊等都是可以視覺化的，如果行銷演講者能夠把這些資訊透過視覺化的方式傳遞給客戶，那麼客戶就能夠更加直觀感性得接受這些資訊。比如我們可以製作一個精美的 PPT，或者播放一段有趣的影片等等，以此加深客戶對我們產品的印象。

■ 五、找準痛點、挖掘客戶深層需求

實際上，行銷演講是一種找準客戶的痛點，且幫助客戶解決痛點的過程。但是我們知道，我們是不能憑想像去找別人的痛點的，也不能拿自己的痛點來猜測別人的痛點。因此，想要挖掘客戶的痛點，我們就必須要經過反覆地詢問，深入地研究，從實際調研中獲取客戶的痛點。

■ 六、提供整體解決方案

我們為客戶提供企業相應的產品，這只是能夠在一定程度上緩解客戶的痛。我們要是想徹底解決客戶的痛，就必須讓客戶對企業產生絕對的好感，而讓客戶產生好感，就需要我們根

據客戶的痛點和企業產業產品為核心，進一步為客戶提供整體的解決方案。例如跟客戶說企業可以為他提供相關的培訓運輸安裝等服務，並且透過整個方案向客戶繼續介紹與核心產品相關的周邊產品，進一步提升客戶對企業的滿意度。

　　簡而言之，透過學習上面的黃金六大流程，相信大家也已經有了一定程度上的了解，當然，只有做到了解是不夠的，還是需要大家懂得如何將學到這些知識運用到實際工作中，才能將自己鍛造成一位出色的行銷演講大師。

行銷演講的中場流程

做銷售的人都知道,所有的銷售都是一場基於信任的遊戲。有了信任做基礎,梳子都可以賣給和尚,但如果缺乏信任,再好的產品、再低的價格,顧客也不一定會接受。

尤其是在行銷演講的中場,若想要顧客對我們抱以信任,相信我們說的話、講的故事、銷售的產品,就一定要掌握中場的萬能行銷演講流程。掌握了行銷演講的流程系統,可謂是掌握了中場的命門,不僅可以提升行銷演講效果,還能增加成交率。

接下來,我便根據自己的經驗,總結出了中場行銷演講的六大步驟,希望能幫助到大家:

■ 一、開啟動力窗

說到動力窗,我先跟大家講一個故事:

這個故事便是運用了動力窗,旨在告訴我們每件事物都有正反兩面,而我們要做的就是開啟那扇對我們有利的窗戶。

每個人都有自己喜歡的東西與討厭的東西,喜歡能為自己帶來喜悅、快樂、成功、幸福、健康和溫馨的東西,卻討厭骯髒、恐怖、傷害、惡毒、疾病和損失的東西。基於這點,我們

在做行銷演講時，不妨在心中反問自己：我們的產品有哪些方面是能夠引起顧客喜歡的呢？

此時，我們便可以開啟動力窗，開啟動力窗的好處就是將每一件產品的好處與優點放大，透過不斷塑造，把人性追求快樂與喜悅感的一面淋漓盡致地表達出來，同時把不購買產品帶來的壞處也放大出來。不購買這件產品帶來的痛苦是什麼？帶來的損失是什麼？帶來的傷害是什麼？將這些不斷放大，讓客戶不斷追求購買產品帶來的美好畫面，而逃離不購買帶來的痛苦畫面。

■ 二、講自己的親身經歷

每個人都有一個屬於自己的傳奇，一個自己親身經歷的故事，內容可以是真實、感人、勵志、離奇、震撼、傳奇、幽默、成功、創業、感恩或充滿大愛的故事；也可以是有格局、有信心、有決心、有目標、有夢想、有責任、有價值、有能力、有智慧的故事。

根據人性的特點來看，大多數人傾向於聆聽行銷演講者的親身經歷，且對有故事的人更感興趣、更易於信任。因此，我們可以以講故事的形式，將自己融入到故事情節中，以此在顧客心中塑造出他們心中想要的形象。

當然，在講述自己的故事時，也要注意以下三個關鍵點：

1. 結構

每個故事都有其特有的結構與邏輯，先說什麼後說什麼，什麼樣的故事適合於什麼樣的音樂，什麼時候做停頓或接受掌聲，什麼時候充滿激情地說完一整段話，這些細節都不能放過。

2. 內容

結構構思好以後，就可以往裡面填充內容了，填充內容時需要注意說話的方式。要知道，同樣的一句話，說話方式不同，意思就會完全不同。

3. 狀態

行銷演講者在臺上的狀態是成功的關鍵，即使有完整的結構、精彩的內容，但若因為緊張而把故事講得囉哩囉嗦，又或者照本宣科式的讀演講稿，那最終的效果將是零。用這樣的狀態去行銷演講，猜想不到十分鐘，臺下的聽眾一定會進入玩手機、打瞌睡的狀態。

■ 三、和競爭對手的區別

透過講自己親向經歷的故事，顧客對我們的產品已經有了一面之緣，接下來就需要凸出產品的特點與優勢，且在凸出的過程中還不能貶低競爭對手。這時，我們就需要用到對比法，讓顧客自己選擇，提前把產品的優劣說在前面。

通常，顧客在購買產品前，已經對同類產品做了大致了

解，心裡其實已經有主意了，當我們主動說出與競爭對手的區別時，就會讓顧客更偏向於我們，從而拉近彼此的距離。

當然，坦誠說出與競爭對手的區別就好，千萬不要隨意去貶低競爭產品。因為這樣會使之前使用產品的顧客覺得我們在否定他的選擇，這種情況下顧客絕對不願嘗試我們的產品。

1. 不要貶低競爭對手

結合我多年的經驗，我認為如果一意孤行，非要去貶低對手，只會帶來三個不利：

(1) 假設客戶與對手有某些淵源，現在正使用對手的產品，或他認為對手的產品不錯，也推薦朋友在使用，此時我們貶低對手的產品就等於貶低顧客沒眼光，這種情況下他自然會覺得反感。

(2) 對手的市場份額或銷售不錯時，若我們不切實際地去貶低競爭對手，只會讓顧客覺得我們心胸狹隘，不可信賴。

(3) 如果每次說到對手就高談闊論地說對手不好，顧客會認為我們心虛或品質有問題，從而在顧客心裡留下一個不好的印象。

2. 找出自己產品與競爭對手的區別

既然貶低競爭對手會得到一個適得其反的效果，那麼如何才能在不貶低對手的同時，找到自己產品與競爭對手的區別

呢？接下來，我便告訴大家三個方法：

(1) 可以透過腦力激盪列出自己產品的 30 個特點或賣點；

(2) 從這 30 個賣點裡找出競爭對手的優勢與劣勢；

(3) 鎖定賣點裡哪些是目標客戶所需求的。

　　透過上述 3 個步驟，我們就能快速篩選出自己的產品與競爭對手的區別在哪裡。一般來說，篩選後的賣點會有 1 到 2 個，我們圍繞這 1 到 2 個賣點再進行描述就會非常恰當。

　　當然，有時候經過篩選後我們發現自己的產品與競爭對手的產品有著驚人的相似度，這時又該怎麼辦呢？不用擔心，下面我便告訴大家一個很簡單的方法：

　　雖然貨比三家是每位顧客的通病，但我們只要將自己產品的三大強項與競爭對手產品的三大弱項放在一起做客觀比較，用數據來說話，這樣一來，即使是同等級的產品，經過這樣一番客觀的比較，優劣高低便立即顯示出來了。如果能進一步找到產品的最佳賣點，那最好不過，可以在這方面大做文章。

■ 四、找到產品唯一性

　　產品唯一性，又叫產品的 USP，是產品的獨特賣點，說白了也就是獨一無二的、別家沒有的特點或特性，同時也是讓人不可抗拒的賣點。如果我們找不到產品的唯一性，就要去找產品的獨

特附加價值，說明為什麼一定要選擇我而不選擇別人的理由。

這一步和前面講的與競爭對手的區別其實是一樣的，獨特賣點是只有我們有，而競爭對方不具備的獨特優勢。每件產品都有自己的獨特賣點，在介紹產品時凸出並強調這些獨特賣點的重要性，能為銷售成功增加不少勝算。

下面，我將用一個案例來講述產品的 USP 是如何設計出來的：

這就是產品的 USP 唯一性。任何產品都有它的唯一性，沒有就可以加上附加價值，讓附加價值為產品增添色彩，從而變得與眾不同、獨一無二，給顧客留下深刻的印象。在行銷演講中，若能把產品的唯一性展示出來，成交豈不是易如反掌？

顧客不是我們一個人的，如果有一天我們滿足不了顧客的需求時，顧客就有可能分分鐘改變主意。世界這麼大，誰能夠持續不斷地提供價值給客戶，誰就能拉攏顧客，因此我們在行銷演講中一定要想辦法讓自己的產品具有唯一性。

因為顧客永遠不是買產品而是買附加價值，附加價值會讓銷量倍增，會讓成交變得更簡單。所以，行銷演講中一定要賣情懷、賣附加價值、賣出人意料的東西，它可以是免費、感情、時間、區域、年齡、造型、顏色、功能、贈品、服務、價格，當然也可以是出乎顧客意外的東西，總之一定要展現其附加價值。

■ 五、做客戶見證

客戶見證是大部分培訓公司常用的一種成交方法，用大量的客戶見證來證明產品的價值具有可信度，說白了，客戶見證就是為了在客戶心中產生具象，畢竟沒有具象就沒有說服力。

一個有效的客戶見證包含客戶照片、影片、客戶身分、所屬公司、業務範圍、客戶語錄等。

在行銷演講中，盡量去找一些大客戶、董事長總經理或者名人來做見證，這樣才能帶給產品強而有力的支持。它的作用就是告訴顧客：這麼多有身分的人都買了我的產品，而你只有購買我的產品，才能與他們比肩。

千萬不要強迫客戶去「認可」自己的產品，不要和客戶強調產品多麼好、多麼高階、多麼方便，這些話最好是從其他客戶的嘴裡說出來，才能更具影響力。

產品有了客戶見證，說明已經有人願意為它付出金錢，且這些付出物有所值，只有這樣才能降低顧客心中對風險的恐懼，因為顧客更願意相信那些購買過產品的客戶說了什麼。

所以，在一對多的產品行銷演講中，產品只是一個媒介，舞臺只是一個道具，真正具有推動力的反而是客戶的見證。

那麼，怎樣做才能讓客戶見證的威力發揮到最大呢？以下 6 點不妨一試：

1. 名人見證

說什麼不重要，重要的是誰說。如果產品好，讓名人說出來，效果便會立竿見影，會比我們自賣自誇好上百倍。因此，只要能找到對顧客具有影響力的人，確切的說是影響力的中心，即對潛在客戶、目標客戶影響力最大的人來做見證，這樣才讓更讓人信服。

假設我們的產品市場是以幼稚園為主，那麼影響力的中心就應該是這個地區較知名的幼稚園園長或者受歡迎的幼教老師，用他們來製造影響力。

2. 讓你的結果數據化

你的優勢在哪裡？怎樣展現？數據上的證明就是一個很好的證據。所以，我們要把自己的優勢量化成數據，當然，數據化包含的產品的吸引力在哪裡，價值展現在哪裡？這些都要清楚明瞭。

有了這樣的數據，銷講時便會很有說服力。儘管我自己也獲得過很多榮譽和擔任過很多社會職務，但那些都是虛的；只有這些數據才是實實在在的東西。這就是數據的魅力，數據是一個量化的結果，可以直觀地呈現給顧客。

3. 詢問顧客購買理由來見證產品

這個見證就是透過「問」來達到提升業績、成交、追銷的效果。那麼，我們該去問誰呢？最好是去問那些對產品行銷有影響力的人，包括用過產品的老客戶、大客戶，詢問他們：當初

為什麼選擇我們的產品？找到他們購買的理由和原因，然後把這個理由呈現給其他的潛在客戶，他們往往會擁有相同的價值觀，所以就很容易成為我們的目標客戶，而目標客戶可以演變為成交客戶。

4. 不要見證過程，要見證結果

大多數情況下，人們更傾向於相信自己眼睛看到的。所以，我們要想辦法讓客顧客看到結果，也就是購買我們的產品後能讓他帶來什麼樣的改變。

5. 同行見證

很多時候，客戶都在同行、競爭對手那裡，即便這樣我們也不要到同行那裡挑客戶。這個時候，我們需要的是用同行的見證去建立客戶對我們的信任。找到同一領域中做得時間久、經驗多、品牌好、影響力大的同行來做見證，那麼他的粉絲也有可能變成我們的客戶。

重要的是，這個方法節省了很多成本，而且轉化而來的顧客已經被同行訓練好了，完全不需要再訓練，我們只要認真賣產品就行了。

6. 大量見證

當名人見證不夠多的時候，那就求「量」。當我們的產品有100 個人說好的時候已經有了吸引力，那麼就再加把勁爭取讓

100 個人、1,000 個人都說好。

在做見證的時候，可以將圖片、文字、影片結合，因為圖片能引起顧客注意，文字和影片則能觸動他們內心的情感，增加成交的機率。

■ 六、想法統一

上面鋪陳了那麼多，終於需要做一次成交動作，來判斷哪些人是動了心的，哪些人是還在考慮的，哪些人是有牴觸心理的。所以，最好的辦法就是在中場第六步詢問顧客：「你們要不要改變？要不要改變？一定要改變嗎？一定要嗎？」並讓客戶吶喊：「一定要改變！一定要改變！一定要改變！」

把狀態喊出來，讓整個場面渴望成交，並將渴望改變的狀態也喊出來。這是我在上千場成交中思索出來的絕密武器，往往很多人還在猶豫，還在做頭腦思考時，從眾的力量就把他們帶出來了。喊出口號，喊出「一定要改變」，把自己喊進故事中，也把自己壓抑的情緒爆發出來。

行銷演講大師都是在這個環節統一口號、統一動作、統一想法的。這步非常重要，很多新的講師或者銷售總監，沒有經過專業輔導總以為自己上臺就能將產品講得特別好，以為自己的故事讓使用者心動了，以為可以成交了，結果沒有做這個「一定要改變」的步驟，成交就比預期差了很多。

情緒一旦釋放，心結就會開啟，當全場都在把「一定要改變」的情緒爆發出來的時候，能量就會變得特別強大。但同時，也是一個人心理防備最脆弱的時候，此時成交的效果會比不做這個動作至少提高 5 倍以上。

■ 七、鎖定信念

當狀態喊完以後，我們還需要問：「改變有什麼好處？」「不改變有什麼壞處？」牢牢地把改變的信念植入到顧客的腦海中去，這種叫「鎖定信念」。一旦信念上鎖，顧客就算這次不成交，下次也一定會購買，因為他已經從心底裡認定這是他想要的產品，這是可以改變他命運的產品。

此時，在時間充裕的情況下，我們還可以講兩個小故事：講一個朋友改變後成功了的故事和一個朋友不改變失敗了的故事，透過不同的故事來對比購買產品與不購買產品所帶來效果。當然，這裡的故事根據現場情況可以多講一點，也可以少講一些，這就關係到熟練度了。

總之，利用動力窗把人性的弱點放大，並牢牢鎖定信念，中場的行銷演講流程到這一步就算基本上走完了。

會議型行銷演講的三個主要階段

很多行銷演講是以會議的形式展開的，一般分為會前、會中、會後三大階段，每個階段中都有著許多小的環節，只有把握好所有的環節，才能發揮行銷演講最好的效果。會議型行銷演講的三個階段主要分為會前準備階段、會中演講互動階段、會後行銷階段三個階段，下面我會分別從這三個階段出發來為大家詳細介紹會議型行銷演講。

■ 一、會前準備階段

在進行會議型行銷演講前，需要進行一系列的吸引顧客的準備工作。在這個過程中，需要我們去親近顧客，讓顧客對我們的品牌和我們的產品產生濃厚的興趣，獲取他們的注意。會前的準備是行銷演講的重要階段，這一階段決定了顧客的購買力，顧客是否選擇在行銷演講現場購買產品，有百分之六十的因素取決於充分的會前準備。具體而言，會前準備階段包括以下環節：

1. 策劃工作

會前準備階段的第一個環節是系統的策劃工作。好的策劃是成功的第一步，只有好的會前策劃才能帶來好的行銷演講成績。

在進行策劃的過程中，品牌形象、產品包裝、會議主題、會議流程、會議管理、應急處理等都是我們應該考慮的對象。因此，會議的策劃工作要提前進行，盡可能的考慮到每一個細節。

2. 蒐集數據

要舉辦一場成功的會議型行銷演講，首先要有精準的閱聽人定位。我們需要透過不同的管道收集目標顧客的資訊，建立顧客檔案，並對這些顧客的檔案進行分析。根據顧客的姓名、年齡、家庭住址、聯絡方式、家庭收入、健康狀況等資訊，我們可以確定顧客的需求，從而對顧客的檔案進行歸類整理，鎖定消費人群，並選擇合適的方式與顧客進行預先溝通。

3. 邀請顧客

確定會議日期之後，要對目標顧客進行篩選，掌握顧客的基本情況，然後透過電話、登門拜訪等形式邀請顧客，並進行電話確認。在邀請顧客之前，一定要考慮好顧客的基本需求，為顧客提供參加會議的理由。在邀請顧客的時候，要注意語氣，控制好自己的態度，展現自己為顧客著想的心情，及時將邀請傳達給顧客。

4. 調查預熱

在前期對顧客進行調查的過程中，還要注重對於產品的預熱和顧客消費熱情的調查。如果在會前能夠充分的對產品的銷

售進行預熱，那麼將會大大提高顧客的消費熱情。而提前了解顧客的購買需求，也能夠使員工在會議現場準確地提供購買資訊給顧客，增強會議的效果。

5. 會議模擬

要確保會議的圓滿落幕，使銷售的每個環節都順利展開，就需要進行會議的模擬演練，及時調整漏洞，避免出現失誤。策劃、主持人、講師、音響師、銷售人員等都應該參加模擬會議，確定好會議的細節，要掌握好音樂的演奏時間、專家的出場時間、觀眾的互動階段等具體內容，並在模擬會議中預先試驗一次，以發現不足，及時改進。

6. 會場布置

在會議型行銷演講中，會場布置也是一個重要的內容。我們要把能夠展現企業文化、產品文化、產品價值的因素透過各種道具的布置展現出來。在會場的展板、條幅、投影等道具上，都可以運用有利於企業及產品宣傳的要素，以活躍會場的氣氛。

7. 迎賓簽到

在會議開始前，需要確定好到場參加會議的顧客資料，要詳細地登記顧客的資料，不熟悉的顧客最好反覆確認，以便核准。同時，在迎賓時也要利用好肢體語言，以熱情的態度面對

顧客，加深與顧客之間的交流，盡快熟悉顧客的資訊，了解顧客的需求，並將顧客領到合適的位置上。

■ 二、會中演講階段

在會議型行銷演講的演講互動階段，也有一系列的環節。在這個過程中，需要我們掌握好與觀眾的互動，注意調節現場觀眾的情緒，使觀眾的注意力集中在活動上。同時，一場會議型行銷演講最重要的部分也是會議的演講互動階段，這一階段決定了行銷演講的成功與否。下面是會中演講階段的具體環節：

1. 場前提醒

在會議正式開始前，應該再次確認現場設備是否完好，反覆檢查麥克風、音響、影像資料是否可以正常使用，避免出現設備故障導致的問題。同時，行銷演講正式開始前，還可以提醒現場觀眾去洗手間，以免錯過會議開場。

2. 嘉賓出場

在這個環節中，主要是對會議行銷演講的講師和本次會議的到場嘉賓進行介紹。應該提前撰寫好介紹詞，使用合理的包裝，為本次會議的講師和嘉賓樹立起值得信賴的形象。講師和嘉賓的出場時間也要提前規劃，並在會前的模擬中檢驗是否合理，避免出錯。

3. 情緒調動

　　會議中的情緒調動主要包含兩個方面。第一是員工的情緒調動，這一部分一般在會前進行，以激勵的方法促進員工的熱情，使之情緒高漲，同時帶動顧客情緒。第二是顧客的情緒調動，這一部分主要是透過會議中場景的布置，互動環節中的遊戲設計和主持人語言上的刺激來完成，使觀眾注意力集中在行銷演講上。

4. 講師演講

　　講師演講環節是會議型行銷演講的核心環節，主要目的是透過專業的演講來傳遞會議的主題，講解產品的相關知識，傳遞品牌的獨特理念，勾起顧客的購買欲望。在這個環節中，現場的工作人員要密切關注會議進行，配合好講師的演講內容，觀察現場顧客們的反應。

5. 遊戲活動

　　在會議型行銷演講中，與現場觀眾的互動環節也必不可少。在舉行行銷演講的過程中，一般會有若干個觀眾參與遊戲，這些遊戲有原地不動的，也有區域性活動的。遊戲的目的是為了消除觀眾在講座中產生的睏倦感，拉近與顧客的親密度。同時，會議中也會設定一些有獎徵答環節，提高觀眾參與的積極性。這些問題可以是關於產品的，以此還可以加深顧客對產品的印象。

6. 顧客發言

顧客發言也是會議型行銷演講中的重要環節，顧客的現身說法往往比講師和業務員的話更有說服力。在這個環節中，一般會設定三到四個發言對象。會議前要提前聯繫好在會上發言的顧客，確保顧客能夠參加會議，並且要在會前將顧客介紹給主持人和講師，做好溝通。顧客的發言需要簡單質樸，具有感染力，時間在三、四分鐘左右。

7. 優惠驚喜

在會議的結尾階段，還有一個重要的環節，就是對於本次銷售中產品優惠力度的宣傳。在這個環節中，講師應該與主持人相互配合，對現場氣氛進行烘托，以產品的優惠促進現場顧客的購買欲，為現場顧客創造驚喜。

8. 銷售成交

在會議型行銷演講的銷售現場中，要注意對產品的銷售進行造勢，渲染氣氛，使產品的銷售更加順暢。可以著重對大已成交的產品進行誇大處理，製造場效，將被購買的產品放在顯著位置，或是留住購買產品的顧客，刻意宣布成交結果。

9. 結束送客

會議結束後的送客環節是展現誠意和服務的環節，與迎賓有著同等重要的地位。在這個環節中，即使是面對沒有購買產品的顧客，也應該拿出熱情的態度，要對來參加會議的所有顧

客一視同仁。如果會議在飯店進行，員工還應該將顧客親自送至電梯口，以展現服務的周到。

10. 會後總結

在會議型行銷演講成功舉辦後，應該對本次會議顧客的到場率、現場的成交量、活動舉辦的順利程度等進行總結，給予員工鼓勵。總結的內容不宜過長，應該遵循先表揚再建議最後批評的流程。

三、會後行銷

會議的結束並不意味著銷售的結束，在會後我們還應對購買了產品的顧客進行售後服務，跟蹤他們產品的使用情況，並對使用產品的前後效果進行對比，使品牌的口碑得到良好的宣傳效果。對於沒有購買產品的顧客，我們也應該繼續進行追蹤溝通，消除他們的顧慮，促成下一次銷售的成功。同時，良好的售後服務還可以達到意想不到的廣告效應，透過老顧客的宣傳可以收穫許多新的顧客，而老顧客也會被好的售後所維繫，從而促進企業的發展。

透過對以上三個階段的整合，才能完成一場成功的會議型行銷演講。身為一名行銷演講師，不僅僅要對自己的演講內容進行把關，還要能夠統籌全域性，對行銷演講的每一個環節都有所了解。只有這樣，才能真正的成為一名合格的行銷演講師。

第 5 章
籌備系統：充分準備，事半功倍

　　凡事豫則立，不豫則廢，想做好任何一件事，都要做好準備工作。在做行銷演講之前，我們除了要準備好演講稿之外，還要熟記演講心法，做好準備，在認真準備的過程中提升能力，並在行銷演講實戰中發揮出自己的最佳水準。

學習行銷演講的心法

同樣是「我說」、「你聽」的方式，行銷演講不能像講課那樣講一堆的大道理。行銷演講者要學著對聽眾更體貼入微，更用心注意，更堅定信念；行銷演講過程不能四平八穩、毫無波瀾，最好能用多個真實的小細節、小案例帶出我們的觀點，還要運用一些小技巧，用舒適的演說方式把觀點傳遞到聽眾內心，千萬不要讓聽眾產生不耐煩的情緒。

行銷演講也是演講的一種，同樣需要運用一些演講技巧和心法。如果你一個優秀的行銷演講者，就應該掌握一些行銷演講的心法。我根據自己多年的從業經驗，總結出了行銷演講的九大心法，透過運用這些心法，我的行銷演講演說變得更生動、更精彩，我希望這九大心法對大家也能夠有所幫助。

■ 一、學會「收」住情緒

很多初學行銷演講的人，在演講時容易緊張，所以我會要求他盡量的「釋放」，好帶動整個現場的氣氛。但是，一個成熟的演講者，在進入演講狀態之後，「收」比「放」更加重要。讓一個人開啟話題並不難，難得是如何學會收住話題。學會「收」住，需要學會兩點內容：一是控制情緒；二是控制行為。

比如，我如果在演講裡設定有一個「高潮」的情節，我會盡量在高潮到來之前控制住自己的情緒，等到差不多高潮要集中爆發的時候停頓一下，這樣做的目的，就是增加同種的現場感染力。

■ 二、演講的「畫面感」要「具象」

馬克吐溫（Mark Twain）說過：「別只是描述老婦人在嘶喊，而要把這個婦人帶到現場，讓觀眾真真切切地聽到她的尖叫聲。」在演講時，不要總是乾巴巴地說，你要講細節，有細節的故事更生動。

■ 三、短句比長句有力

當我站在行銷演講現場，我知道我不只是在和聽眾分享，我要表達的是我強烈的觀點和情感。演講和分享是有區別的，分享不會在意語句的長短，它只要把觀點表達清楚就好。短句總是更能展現演講者的情緒，透過短句，我可以傳遞我的情緒；而長語句只能表述觀點，無法帶動情緒。我認為：短句比長句有力。

■ 四、語句簡練，直來直去

好的行銷演講，是不需要拐彎抹角、雲山霧罩的；我們的目的非常明確，那就是推銷產品或傳遞品牌價值，索性開誠布

公、直來直去。我在行銷演講的時候，會直接一針見血地強調我的觀點，這種資訊的傳達非常有效，它能快速幫助我讓聽眾產生記憶。

在當下這個訊息爆炸的時代，人們不屑於聽一堆旁敲側擊的廢話，反而是直接的表達方式更能自帶語言魅力。大家都很忙，沒時間陪你不停地囉嗦。

■ 五、學會了解自己，自我涅槃

演講者想成功，首先要做的就是自我認知，其次才是說話，再是社交交流，最後才是學習演講技巧。很多教授演講的課程，基本都是教人如何開口、如何使用花裡胡哨的說話技巧的。而我認為，要成為演講者的第一步，就是要洞察自己、自我認知、和自我解剖，我管這種行為叫「重塑」、「涅槃」。

我認為，學習任何東西之前，都應該先學習自我認知，只有了解自己，才能超越自己。只有我們自己願意去學習，才會把知識學好；也只有我們自己選擇了自己去做，才能把事情做好。要當行銷演講師也是一樣，我們要學會「了解」自己。

■ 六、接納自己的不完美，善於和缺點相處

一般人致命的弱點就是不了解自己的優勢，更加致命的弱點是不知道自己的劣勢。我們認為的缺點和劣勢未必就是自己

的缺點和劣勢，善於發現自己的缺點並學會和它相處，劣勢就有可能成為我們的優勢。

比如：一般我們會認為一個不善表達、語速很慢的人不適合當演講者。但是實際上在演講的現場，這樣性格的人如果不使用長句，不講過多的廢話，他講的語句反而會鏗鏘有力、往往有強大的爆發力。

演講者對所講內容是需要有自己的邏輯理解的，這是一個尋求本源的過程。在這個過程中，如果你能發揮潛能、探索自己，就算是本來覺得沒有內容可講的你，也能迅速找出一堆的內容。我自己的親身經歷就能很好地說明這一點。

■ 七、「真誠」比「技巧」重要

「觀眾對於鏡頭後的事情什麼都不知道，但是他們有一個天生的本事，就是知道你真誠不真誠！」

演講不是教我們如何「賦新詞強說愁」，也不是讓我們「曲迎奉承」聽眾，更不是要我們壓抑自己。這句話的意思是演講者一定要學會用自己的真誠去打動聽眾。

演講不是演戲，我們要做的就是真誠地去表達，表達自己的一點一滴，表達自己真實的感受和感悟；表達自己自己遇到的一些問題。行銷演講水準的高低，不是取決於我們的國語標不標準，也不是取決於我們的演講技巧，更不取決於我們講過

多少場次。它取決於我們對自己有多了解，有多大的勇氣來面對內心的脆弱。

　　好的演講像一個醞釀良久的故事，像一份沉澱很久的情感，在觀點呼之欲出的一瞬間，與聽眾發生碰撞，說白了，演講就是我們真實的個人體驗、獨立思考以及個性化選擇的一次公共傳播。

　　演講時，我們應該講自己最想說的話，講自己最想講述的故事。而且這個故事必須帶有我們自己的情感，故事不能虛，情感不能假。我們說的每一句話都要有依據，單純的莫名其妙的情感爆發是沒有依據的，故事邏輯不清也是沒有依據的。

　　為演講而講的演講，不一定留下什麼佳作，但是「用心」用情的演講，一句話不經意見就能被人銘記。演講中的真情實感引導著我們進行表達的時候，方法已經變得不重要了，好的方法只是我們的情感和觀點傳遞地更有效、更準確。

■ 八、把問題「還給」聽眾

　　行銷演講不是辯論，當我們發表演講，與聽眾互動的時候，可能會遇到自己不想回答的問題，這個時候我們應該學會換個方式把問題還回去，這是一種不得罪人的做法。

　　不想回答問題的辦法有很多種，大家可用試著去歸納一下。應對聽眾或客戶質疑的方法我們在後面的章節中也會講到。

■ 九、與觀眾產生共鳴

行銷演講不是我講我的，聽眾聽他們的，成功的行銷演講是我想講的和聽眾想聽的能夠產生共鳴。身為演講者，我需要了解我的聽眾，對於我要講的觀點，聽眾是否理解，能不能感同身受，這一點至關重要。

演講者要把內容朝深處想、朝深講，讓內容和聽眾產生共鳴，打動聽眾，這才是好的演講。講了這麼多行銷演講的心法，關鍵還是演講者自己的信念。不管我們演講的內容是什麼，身為演講者，最重要的是你要對自己所說的一切深信不疑。

斯坦尼斯拉夫斯基（Konstantin Sergeyevich Stanislavski）說過：「平庸的演員和傑出的演員的區別在於，平庸的演員試圖讓觀眾相信自己的表演，而傑出的演員則毫無疑問地相信自己的表演。」這個道理對於行銷演講是同樣適用的，只有相信自己所說的，才能真正打動別人。

演講前的準備工作

　　俗話說「豫則立，不豫則廢」、　「磨刀不誤砍柴工」，這兩句說都說明了準備工作的重要性。對行銷演講來說，準備工作也是至關重要的，很多人有行銷演講的需要，也有表達自己觀點的需求，但是礙於自己演講水準的限制，總會擔心自己講不好。還有些人一站上講臺就會感到十分恐懼和緊張，甚至手忙腳亂、狀況百出。

　　我認為，解決慌亂和緊張的最有效辦法就是細緻而認真的準備。扎實的準備工作不僅能最大程度地確保演講品質，還可能為演講者樹立信心。我每次站上講臺前，一定會做好準備工作，哪怕演講再短，聽的人再少，我也不會毫無準備地走上講臺，我認為不做準備就上臺，是違背演說家職業精神的行為。

　　我們應該把準備當成一種習慣，並在準備工作中發現自己進步的空間，可以說，準備工作做得越充分，我們的演講水準成長得越快。這裡，我會從七個方面講一講演講前的準備，讓大家學會消除對演講的恐懼，提升自己的演講水準。

■ 一、收集數據和資訊

　　收集數據是做演講準備工作的第一步，我們能收集到的資訊包括：參與人的單位、職務、學歷、年齡、性別；演講場

地的大小、與會的人數、演講會場的設備等等，還包括參與者對於演講內容的渴望。透過這些訊息，我們可以簡單考慮一下是否有必要使用特殊的設備來輔助演講做演示。比如，是使用PPT，還是使用板書？

■ 二、分析聽眾

演講的核心對象是聽眾，沒有聽眾的演講，是沒有價值的。所以，要認真分析聽眾的資訊，這些資訊才是我們設定目標，以及確定演講方式方法的前提。

■ 三、設定目標

確定目標，是一場演講最基本的準備工作。我們要有針對性地設定目標，確定演講的主題和內容。因為主題、內容以及演講的時間等等，都與最終的目標有著緊密的連繫。例如：如果我在行銷演講的時候目標設定為告知某事，而不是說服學員做某事，這兩個目標有著明顯的不同。那麼我的演講方式、時間和內容肯定會有很大的差別。

■ 四、確定演講的內容

在分析完資訊，設定了目標之後，就可以確立演講的框架和內容了。前面三步都是為這一步在做準備。在做演講框架和

內容時，我們應該注意 5 個方面：確定主題、明確論調、設計一個好的開場白、設定各要點及相關的內容（比如行銷演講時的互動小遊戲的設定等）、準備好解除客戶的抗拒點。

前面幾點很容易理解，第 5 條我需要說一下。

產品太貴，沒時間，家人不同意，以前買過……這些都是客戶的抗拒點，用什麼樣的方式去打消這些抗拒點，我們都要提前準備好。當然在本書的後面有詳細的方法來設計如何解除抗拒點。

五、製作視覺輔助

多媒體演示是許多演講最常見的輔助工具，常用的是 PPT 和影片播放，但是現在很多演講者有過於依賴 PPT 的現象。好的演講者是可以脫稿演講的，他們不依賴於任何工具，他們的精力都花在面對觀眾上。

PPT 作為演講的輔助工具，盡量與主題呼應，和內容相關。無關主題和內容的 PPT 是在浪費時間，多媒體越簡潔越好。

六、準備問答內容

很多演講者不害怕演說，但是害怕提問，他們不敢面對聽眾的提問，害怕被問倒、害怕回答被人嘲笑。我認為，在有充分準備的情況下，這一切都不可能發生，只要我們準備充足，

聽眾的提問不可能超越我們準備的範疇。只要做足準備工作，揣著「虛懷如谷」的胸懷，就沒有什麼可怕的了。

　　演講者的水準有高低，並不都是超一流的專家，就算某個人在一個領域是專家，但是他也不可能回答不同領域的問題。所以，在演講前，我會盡可能多的去設想聽眾可能提出的問題，並確認這些問題的解決方案，這是對問答環節的準備工作。及時演講現場有遇到我解答不了的問題的時候，我也會積極地回應，並在演講結束之後回覆。

■ 七、預演

　　「臺上幾分鐘，臺下十年功」，這句話很好得形容了準備工作的重要性。假設有一場演講，聽眾是一百人，演講時間是一小時，而演講者的準備工作只花了 5 小時，那麼這場演很有可能會失敗，而且演講者對這場演講也是不夠尊重的。

　　除了一些基本的準備工作，準備是時間大部分都應該用來預演。演講之前，我們可以找幾位聽眾，試著講給他們聽，聽聽他們的意見。我們還可以對著鏡子講，對著鏡頭講。每一次預演之後，在認真地分析演講中的不足，以便加以改進。

　　要記住，所有的準備工作，最終都是為了確保演講能對聽眾負責，呈現最好的目標效果。

好的演講精髓是什麼？

真正好的演講，必定是一個有效溝通，這很難嗎？

克里斯‧安德森（Chris Anderson）說：「如果你知道如何在飯桌上對著一群朋友講話，那麼你就知道如何發表演講。」如此說來，演講其實是一件很簡單的事，演講應該成為我們每個人必須學會的基本技能。

在我學會演講之前，我也看過許多關於演講的相關書籍，但是都沒能準確地理解怎樣才算是好的演講。很多書本講解了一大堆內容，各種技巧繁多，反而看得我暈頭轉向。其實，真正好的演講不需要華麗的詞藻和浮誇的表演，只需要抓住三個精髓：開口有益、氛圍有趣、思路有型。

■ 一、開口有益

我們常聽說「開卷有益」，這可不是開卷考試，這裡的意思是只要你開啟書本，就一定會有收穫。同理，我們身為一位演講者，站在講臺上開口說話時，就一定要讓臺下的聽眾有所收穫。

暢銷書都有一些共同點，比如有一個好的書名和一個好的介紹。特別是網購的暢銷書，一般我們在購書之前主要就是檢

視目錄和介紹，這些書的介紹目錄的共同點，都是在強調這本書對我們有什麼好處。演講和暢銷書一樣，一開口講話，要在十五秒內告訴聽眾，我能帶給你們什麼幫助，能提供給你們什麼樣的好處，一下子就抓住了聽眾的興趣。

那麼，我們要怎樣做到開口有益呢？

我認為這個問題的核心突破點是：站在聽眾的角度去思考問題。演講的方式不能只是傳達我們自己的觀點，還要設身處地地為聽眾和客戶考慮。

比如，在做行銷演講時，我們要考慮這樣幾個問題：臺下的聽眾注意那些問題？他們需要什麼樣的產品？我推薦的產品能解決他們的哪些問題？我相信，只要行銷演講者真正做到了開口有益，能為觀眾和客戶解決問題，那麼他說的話一定沒人能夠拒絕。

■ 二、氛圍有趣

怎樣做到氛圍有趣呢？就是演講內容趣味橫生，聽眾樂不可支，演講效果津津有味。營造有趣的氛圍核心點是一個「演」：透過誇張的動作表情向聽眾傳達訊息，讓聽眾在歡樂的氣氛中心領神會。誇張的動作表情怎麼練習呢？八個字：手舞足蹈，眉飛色舞！

「演」其實就是表演，讓臉部表情最大化配合演講的內容，

甚至可以極度誇張，怎樣才能展現效果。網紅在鏡頭前說話的表情就是最典型的代表，在講一個小故事的時候，配合故事內容，展現出各種誇張的臉部特徵，很容易讓人捧腹大笑。如果不知道怎麼演，可以記下一段臺詞，然後找一個安靜的地方模仿和練習。

■ 三、思路有型

思路有型就是指演講的內容有邏輯性，講的是什麼、為什麼這樣、具體怎麼做，一清二楚。內容分一二三，時間有過去、現在和未來，講的人清清楚楚，聽的人明明白白。

那麼，如何訓練出強大的邏輯思維能力呢？我的方法是：平時強制邏輯結構，做任何事情，講任何事情，我都要歸納出一二三點出來，如果單獨只講一個內容，顯得單調，兩條內容還是略少，三條剛好。

我在開口之前，把身邊的人、事都總結出三個觀點來說，久而久之，我說話的方式就自然形成了一個清楚的邏輯結構。比如，我要寫一個行銷演講的演講稿，首先就會列出演講稿的幾大要素：第一，聽眾是誰；第二，這場演講的主要內容是什麼；第三，演講的最終目的是什麼。清楚了這幾大核心要素，我就會圍繞它們來寫演講稿。

■ 四、故事有情

一場好演講，一定少不了好故事。故事是觀念的包裝，是產品的外衣。故事是我們想說，但是說出來可能引起別人警覺和反感的觀點的載體。很多事情不能直白地講，講出來會淡然無味，更會惹人厭煩，讓人提防。

一般的銷售就是如此，當一名業務員踏進辦公室大門的時候，幾乎所有的同事都在下逐客令。於是，我們學會了用雅俗共賞的故事娓娓道來，這樣的語境也宛若春雨潤物，直達人心。那麼，行銷演講師到底該會怎麼講故事？

1. 語言通俗，簡明扼要

我們在講故事時鋪陳千萬不要多，簡單地交代清楚人物背景和一些必要的資訊即可。然後是故事的發展、高潮、結果。千萬不能拖沓，最好惜字如金。也不要使用生僻字或片語，因為聽眾沒有時間停下來慢慢消化我們語句中的某一個深奧之處。

2. 內容貼近生活

我講的故事從來不脫離當下的生活圈，必須是聽眾經常聽到看到，或者經歷過的一些人和事，這樣的故事最能引起共鳴，發人深思。過於背離當前的情節故事，吸引不了聽眾的興趣，因為大部分人都有一種「事不關己高高掛起」的旁觀心態。所以，故事要盡量貼近生活，和聽眾相關。

3. 要有細節、有情感

有細節、有情感的故事才經得起推敲，才能打動聽眾。要把故事講得和真的一樣，就必須要在關鍵部分有細節，細節能讓故事更加飽滿、真實、具有畫面感。細節往往令人聽了感同身受，引人入勝。沒有情感的故事索然無味，就像放置了一個月的蘋果不帶有一點芬芳。故事裡的情感必須是真實的，就算不是真實的，你也要演出真實感出來。

4. 講故事要有目的

故事很好聽，但是別為了講故事而講故事，作為行銷演講的最終目的，我們是來做銷售的。要學會把目的鋪陳在故事裡，一個故事表述一個目的，表達一種觀點，最終合在一起，成了我們演講的最終目的。

正所謂大道至簡，一場好的演講並不需要長篇累牘地細說特點，只需要看它是否是有效溝通即可。就像我們時候中無處不在的聊天一樣，只要展現出上述四點，達到了有效溝通。它就是一場好的演講。

我們生活中與人交際、傳播觀點，無論你是演講、寫作、還是溝通，其實都是在完成有效溝通的一個過程。道理都聽明白了，溝通自然順暢！

如何設計不同類型的演講稿？

　　如今，很多企業都有融資、眾籌、招商、路演的需求，這些活動的目的就是爭取合作和投資，讓企業獲得更大的發展空間。這些活動都離不開演講，企業家和專業經理人必須要運用高超的演講技巧來打動合作商或投資人，在這種情況下，一場演講的成敗幾乎可以決定企業的命運。

　　這樣重要的商業演講，當然要花大量的時間去準備，在設計融資、眾籌、招商、路演的演講稿時，我們不僅要考慮到一般演講的特點，還要結合各方面的數據和商業資訊，根據企業的實際情況，寫出一篇「有理有據、打動人心」的演講稿。

　　所以，在這一節中我就要和大家著重分享一下適合招商路演場合的演講稿，我將從主題、結構、資料、語言四個要點為各位商務人士理清在撰寫招商路演稿時的方向，最後我還會教大家學習一下路演演講稿的具體寫法。

■ 一、撰寫路演演講稿的四大要點

1. 主題

　　對以商業路演、融資、招商等為目的的演講來說，我們要演說的主題最好是當下的熱點和市場痛點，這樣的主題才能引

起投資人的注意，這是演講能順利展開的一大前提。

　　商業演講的主題應該具有獨立的觀點，是在對市場發展趨勢進行分析之後做出的判斷。簡單來講，演講稿要有對市場、使用者以及產品的獨到見解，套用千篇一律的主題只會招致聽眾的反感。

　　我們要明白，商業演講的目的是要讓聽眾認可我們，進而願意投資我們，與我們的企業合作。但是在現實中，有一些演講者為了提升自己的產品形象，往往過分貶低競爭對手，誇大自己的產品優勢。

　　但凡睿智的演講者首先會對競爭對手的優勢給予肯定，在肯定事實的基礎上，向聽眾專業地描述自己的優勢。這樣的做法，既不招致聽眾的反感，又能宣傳了自己，還獲得了聽眾的理解。

2. 結構安排

　　一般來說，演講稿的結構就兩種：敘事型和論理型。不論選擇的是那種結構，演講稿都遵循轉瞬即逝的本質，它不像宣傳片可以重複播放，隨著演講的進行，路演的演講稿就是一次性的作品。

　　人們在聽取他人演講的時候，都會有選擇地接受訊息，在最開始的演講描述時，注意力往往都不集中，只有聽到自己感興趣的內容，才會認真一下。身為演講者，為了能解決這種注

意力不集中的問題，我們在設計演講稿結構的時候，要盡量把內容安排得環環相扣，富有邏輯思維，讓聽眾的注意力能夠盡可能的持久。

另外，人在接受新規律時，總是由淺入深、由簡到繁；因此，演講稿的結構安排也不應該出現太大的思維跳躍。應該循序漸進，緩緩而入。

3. 數據、範例真實可信

演講內容中出現的資料，不能只是冷冰冰的數字而沒有親和力。我們最好選用與聽眾生活、工作密切相關的數據和例項，最好有準確的來源，應用的數據要精準，不能隨心所欲。

對於太熟悉的一些經典案例和名人軼事，聽眾容易產生審美疲勞。在演講稿中最好引入當下的熱門話題以及現代化的詞彙，語言口語化，讓聽眾更能接受。但是這些例子應該做到真實可信，不可隨意杜撰。

4. 語言深入聽眾內心

我建議演講稿的用語最好是通俗易懂的口語用語，相對於那些正是的公文和專業文章，演講稿要更通俗、活潑、新鮮。稍稍比日常用語更規範一些即可。如果能在演講稿裡加入一些個人情感色彩的語句，更好。

演講稿無需是追求每一個字，每一個標點符號的打磨，結

合一些現實生活的語句，相反能造成不錯的效果。能夠將深層次的理論，用生活化的語言展示出來，這無疑增強演講本身對聽眾的吸引力。

在演講時，如果你想要現場抒情，一定要避免使用太多華麗空洞的語句。記住演講不是舞臺劇，無需新增很多華麗的辭藻，貼近生活的，樸實無華的語言，才是聽眾最喜歡的語句。真實的情感透過這些語句，更能和聽眾產生共鳴。

以上內容是我總結的關於撰寫路演演講稿的一些建議，但是這些建議還不是具體的路演演講稿的寫法，下面我還要透過更加細節的解說，來教大家如何寫路演演講稿。

■ 二、商業演講稿內容實際操作

我們知道，商業演講的目的無非是四大目的：融資、公關、發展潛在客戶、尋找合作夥伴。所有不以盈利為最終目的的創業，都是無用功。所以我們明白自己演講的目的，並圍繞目的展開。在這一小節中，我將為大家一一解析路演演講稿的具體寫法。

1. 商業演講的展示媒介

商業演講演講時，我們只有兩種展示的媒介，一是視覺，二是聽覺。

視覺就是我們能用到的多媒體，能在多媒體上播放的以及

前面提到的一分鐘影片。聽覺就是演講者展現的颱風和臨場表現，演說一定要賦有激情，要讓聽眾以及評委對你感興趣，千萬別等你說著說著，聽眾昏昏欲睡了。

2. 商業演講稿的寫作重點

以融資、招商、眾籌、合作、路演為目的商業演講中，有些重點內容是必須要提及的，比如商業模式、專案的現狀、專案優勢等等，還有一些可寫可不寫。這需要看路演給予演說者時間的長短決定。下面為大家列舉了需要在商業演講稿中展現的重點內容。

商業模式

企業家和專業經理人在做商業演講時一定要提到企業的商業模式。因為，企業賺不賺錢，有沒有發展潛力是投資人和合作上所關心的。而商業模式可以展現企業的盈利能力和發展潛力。

營運策略

對於一些專案在初期階段，尤其是商業模式不清楚的時候，根本就沒想明白下一步怎麼走。這個時候，專案的營運策略就應該展現出來。演講內容要明明白白地告訴聽眾，做這個事情是在測試專案的商業模式，用什麼樣的策略和方法，最後會落實到真實的商業模式上去。

競爭優勢

作為創業專案，對市場的認知是夠成熟，這個專案的市場規模和趨勢是不是如預期想像的那麼大；市場上有什麼樣的競爭對手，專案處於市場的什麼位置。

如果對手是個大廠，創業公司和大廠之間的差異化在哪？優勢是什麼？是直接對手還是間接競爭對手？作為創業企業，未來和公司朝一個方向發展的，都會是競爭對手。

營運現狀

如果是純技術的專案，說一下公司的發展歷程，比如產品處於哪個 demo 階段，是已經小批次生產了還是找了一些合作方在測試，有那些大客戶，分別是誰。

財務數據

關於財務狀況，有就寫，沒有可以做個預測。創業公司的財務模型一般都是基於專案的商業模式預測的，這很重要，如果創業者對自己的現金流和公司生存能力都認知不清，會弱化投資者對公司的好感。

已獲認可

專案已經獲得了哪些發明專利、政府支持、資質、融資或者哪些大客戶的青睞。

🗣 (7)介紹團隊

介紹一下公司的團隊，包括有什麼樣的人才，以及相互的配合優勢。另外，創始人的背景需要重點介紹。一般是核心創始人的學歷背景＋工作履歷。如果整個專案裡面最展現專案優勢的是團隊，那就放在最前面，如果不是，可以稍微往後放一點。

3. 融資額及方向

商業演講的目的是融資以及尋求合作，當然要向聽眾說明這個專案到底需要多少資金，以及這些錢會花在什麼地方。

我建議這份演講稿最好由企業創始人或者專案負責任親自撰寫，只有了解整個專案和企業，才能寫出一份完整、系統、打動人心的演講稿。

4.PPT 的內容

以融資、合作、眾籌、招商、路演為目的的商業演講當然離不開 PPT。PPT 是最直觀的媒介，圖片或者圖形能幫助聽眾理解你的演講內容。演講說的話，並不需要都寫在 PPT 上，PPT 最好以「多圖少字」為主。演說的內容，需要演講者自己羅列一個邏輯順序，然後提前記憶下來。

我建議，PPT 的長度應該控制在 10 至 17 頁之間，第一頁是專案概述，在出現的第一眼，要讓人知道你是什麼公司；市

場規模和痛點，大約一到兩頁就夠了；產品和技術需要著重講一下，需要兩到四頁之間；商業模式和競爭優勢各一頁；財務和融資額度各一頁。這樣安排，哪怕臨時出現時間縮短的狀況，也能在最快的時間把最重要的問題展現出來。

5. 展示技巧

前面講過，除了 PPT，最好帶有一分鐘的小影片。這一分鐘影片，主要為了講專案產品以及未來展望。別小看這一分鐘影片，它能省掉演講者在臺上兩分鐘的敘述，而且更能吸引聽眾的眼睛。僅僅用演說介紹你的產品，當然比不上用影片內容更直觀的展示出來，這也是影片的優勢。

6. 演講技巧

上臺第一句話一定要是「我是 ×× 專案的創始人」。這一點很重要，很多演講者上臺開啟 PPT 就開始演講，這是絕對錯誤的，演講者要第一時間讓投資人知道自己是誰。演講者應該抱著平和的心態來做演講，把這次演講當作一個產品介紹宣講會，或者自己的產品發布會現場，這樣可以消除緊張感。

對於純技術的專案，如果很難把許多技術性的詞彙用通俗易懂的語句表達出來，演講者不妨舉一個例子，然後說明自己的產品是什麼，怎麼實現，需要多長時間。愛因斯坦（Hans Albert Einstein）的相對論都可以用例子來解釋，相信我們的專案也可以找到合適的相似例子的。

7. 節奏掌握

對於演說現場的節奏控制，需要具體看演講內容的重要程度決定。產品和技術這一塊，是重點，花費的時間多一點；市場和需求只是介紹，可以加快語速，商業模式和團隊優勢，這是投資人感興趣的點，一定要說清楚。

在演講的時候，我建議演說者不要緊緊盯著螢幕說話，這是對人的不尊重。可以和聽眾交流一下眼神，也不要過分注意PPT，PPT只是輔助工具，演講的內容才是重點。

8. 充沛的情感

一名表現好的商業演講者，大家都願意繼續第二次和他交流，這不僅是因為產品，還可能是他具備強烈的感染力，人總是喜歡和有魅力的人打交道的。

最後，有一個重點要強調：PPT的最後一頁要寫聯絡方式。如果你把整個內容全部介紹完了，那就把PPT停在聯絡方式這一頁，讓有興趣的投資人記住你。

實際上，以融資、眾籌、招商、路演為目的商業演講可能只有短短幾十分鐘，要想在這麼短的時間內成功獲得投資和合作，需要在演講之前做足準備。我們在撰寫這類商業演講稿時，要時時刻刻把聽眾放在第一位，遇到糾結不確定處，就想想對面的聽眾會更喜歡哪一種，這樣就不怕不知道講什麼了。

第 6 章
精彩開場：贏在起點

前 30 秒好的開始，是成功的一半，對於一場行銷演講來說，開場至關重要，精彩的開場白能瞬間 hold 住全場、打破僵局、吸引聽眾的注意力，拉近行銷演講者和聽眾的距離，讓現場氛圍變得融洽和諧，也讓聽眾對行銷演講者留下深刻的印象。所以，一場精彩的行銷演講，必須要有一個完美的開場。

做好這五件事，開場即成功一半

　　俗話說「萬事開頭難」做任何一件事情，開始的時候總是困難的。可是開頭做好了，後面的事情就會變得輕鬆容易許多。所以，一個好的開頭，不僅能讓我們樹立極大的信心，還會為整件事情打好基礎。比如早上一起來就收到一個好消息，那麼一整天我們就會保持愉悅的心情，做事也俐落了，工作效率也跟著提高。行銷演講也是這樣，一個好的開場，就是成功的一半。

　　開場表現，是演講者留給聽眾的第一印象，而第一印象的重要性不言而喻，它可以在一定程度上影響聽眾對於演講者的評價。就像作家李敖說的：「你去做一個演講，一定要在開頭 5 分鐘內就抓住聽眾的心。如果你把握不住這 5 分鐘，那麼你的演講就注定是失敗的。」

　　在現實生活中，這樣的例子比比皆是。比如在一檔綜藝選秀節目中，有的選手一上臺就自信滿滿，一開口更是生動有趣，給評委留下了深刻的印象。而有的選手往那一站，話一出口就讓人覺著索然無味，那麼評委自然也不會對他有好印象。

　　所以，一場好的演講，開頭很重要。那麼我們該如何做好開頭呢？下面這五件事，只要做好它們，演講就成功了一大半。

■ 一、打招呼要熱情

上臺之後，打招呼很有必要，這能快速吸引起別人的注意，讓焦點一下子就集中到你的身上。比如你可以說：「今天見到大家，我很高興，也很榮幸能站在這裡。」

打完招呼後，也可以根據現場情況，幽默地調侃和吐槽一下。這裡需要注意的是，吐槽一定要簡短、有趣！如果掌握不好，我還是奉勸你不要講了。

■ 二、自我介紹要簡明扼要

自我介紹帶有一定的技巧性，並不是隨隨便便一句：我是誰，我來自哪裡，我是做什麼的。這樣的自我介紹，很「標籤」化，根本不會引起注意，有時候，聽眾甚至聽都不想聽，又怎麼會對我們產生耳目一新的深刻印象呢？所以介紹的技巧性很重要。

■ 三、戳聽眾痛點，調動興趣

當我們做完自我介紹後，接下來就是一個非常重要的任務，那就是如何讓精彩的演講主題，迅速吸引到聽眾的聽講興趣。

要如何做到呢？我們可以提供一個比較實用的辦法 —— 戳聽眾的痛點。也就是找到聽眾的痛點，用提問或擺事實的方式

吸引到聽眾地注意。比如，好多聽眾都不太清楚，各個國家會有各種不同的風俗禮儀，一不小心，就很容易出醜，而正好你的演講內容就是各國風俗禮儀方面的，那麼你就可以直截了當地問聽眾：「出國旅遊，你遇到過哪些尷尬事？」這樣，就會很快吸引到聽眾的注意，並提升他們聽課的興趣。

四、演講目標要明確

戳完聽眾痛點後，要及時給予解決方案。也就是告訴聽眾：「你們不要因此而困惑，我今天來的目的，就是來解決你們這些困惑的。」這樣一來，我們演講的目標就很自然地表露出來了，聽眾也會欣然接受。

五、理清演講的結構

確定目標後，接下來就要簡單地介紹一下整個演講的框架內容，讓聽眾對整個演講過程有一個大致的了解，這樣，聽眾也會心裡有數。

一個好的開場白，就是為一場精彩的演講做鋪陳，所以只要我們遵循以上五個技巧，就會在第一時間內得到聽眾的信任，從而讓我們在接下來的演講過程中更順暢，更精彩。

演講一開始就出現冷場或聽眾沒有積極參與的情況，實在是一件尷尬又窘迫的事情，但只要我們能運用以上 5 個技巧來

巧妙挽救冷場，相信接下來的演講一定會水到渠成，達到預期的目的。

前面我們講過在進行演講的時候，只需演講者掌控全場就夠了。可有些時候，特別是行銷演講現場會，不光只有演講者一個人，還有主持人進行配合串場，這種情況下，我們就需要提前做好準備工作，和主持人提前串好詞，並在整個過程中默契配合，這樣才顯得自然、流暢。

我們來簡單了解一個常用的串聯詞模式：當主持人提出一個觀點，身為講師要進行反對，兩人最終形成對立面，這樣可以迅速吸引到聽眾的好奇心，這時候，講師就要提出一個更有內涵的觀點出來，來「打擊」主持人原來所提出的觀點，這種「拋磚引玉」式的串聯詞模式，效果會立刻顯現出來，立刻會讓聽眾認同和欣賞講師的觀點。值得注意的是，主持人和講師在這個模式的互動中，對話一定要清晰流暢，避免卡住的尷尬狀況發生。

兩者除了默契配合，還要避免刻意。當講師在提到某個問題需要主持人證明時，主持人不能隨便敷衍應和，而是要適時地站出來表達自己對這個觀點的認可和相關佐證。總之，講師和主持人的有效配合，除了上面我們所講的串聯詞外，還應該注意以下兩個方面：

■ 一、表情、肢體到位

　　我認為，主持人和講師在臺上的表現，更像是一種表演。如果兩個人只是乾巴巴地站在那裡一問一答，肯定毫無吸引力。主持人和講師應該更像個演員，有著豐富的表情和肢體動作，而且表情和肢體越到位，就越能展現彼此之間溝通的真實性，這樣就會更吸引聽眾。所以，在行銷演講中我們要把喜怒哀樂盡情的表現出來，才會更有說服力，讓聽眾動心。

■ 二、串聯詞內容真實

　　串聯詞內容真實是我們應該注意的第二個方面，雖說以表演的形式呈現出來會更加生動形象，但是表演的內容一定要建立在真實的基礎上，比如串聯詞內容是關於一個客戶反應產品效果好，那麼這個客戶就必須存在，而且用了產品後效果確實也不錯。如果只是弄虛作假，那麼就很容易穿幫，讓聽眾覺得整個行銷演講毫無價值可言。總之，行銷演講可以用演戲的方式呈現，但是表演的內容一定要是真實的。

　　綜上所述，我們在行銷演講開場時必做的五件事就是：打招呼、自我介紹、戳痛點、闡明目標、簡述結構，只有把這些步驟做到極致，我們在演講的時候才會有一切盡在掌握的自信。

三種開場方式，10 秒內掌控全場

如果開場白像一杯白開水，那麼就索然無味，讓人感到無趣。好的開場必定能快速吸引到聽眾，讓聽眾留下美好的第一印象。人與人見面也講究第一印象，第一印象的好壞直接關係後面將要發生的事。俗話說：好的開場是成功的一半，就是說開場非常重要。它的作用如跟我們寫一篇文章的開頭，好的開頭，總給讀者耳目一新之感，能迅速抓住讀者的注意力，並調動其閱讀的積極性。

開場白既然如此重要，它的目的是什麼呢？總結為三點：一是拉近距離，二是建立信任，三是引起興趣。這三點之中，第一點是建立在其他兩點的基礎之上，也就是說拉近對方與我們之間的距離，才能順利地建立信任關係，引起對方的興趣。千萬不要低估了開場的作用，它將決定你在接下來的演講過程中會不會招人待見，是被聽眾喜歡呢？還是嫌棄？

所以，開場白一定要生動有趣、別具一格，這樣才會迅速吸引到聽眾，從而為接下來的演講做好鋪陳。

開場白沒有固定模式，可以針對不同的情況選擇合適的模式來設計。通常情況下，演講的開場白可以分為以下三種：

■ 一、「開門見山」型：直擊主題

　　行銷演講中，我們常碰到的一種開場叫做「開門見山」型，這種開場方式很簡單，就是直接告訴大家我今天要演講的目的或者主題是什麼。比如我們推銷一本暢銷書，那麼在開場的時候，你可以這樣說：「大家好，我今天為大家推薦一本書，書名是……」這樣聽眾馬上就能清楚你要行銷演講的主題和大致內容是什麼。

　　這種開場白，有利有弊。好處是在一開場的時候，就直截了當地闡明主題，讓聽眾能夠明確知道你要講什麼，這對有需求的客戶來說，會產生一定的幫助，他們願意去傾聽你接下來的內容。而且這種方法很適合一些剛入這行的講師，透過直擊主題式的開場，能迅速理順演講思路，並牽制自己的演講思維，為後期更好的演講打下基礎。弊端就是太直截了當，讓聽眾感覺有些突兀，代入感稍差了些，很難與需求不那麼強烈的客戶產生共鳴。

　　我們來看一下恩格斯（Friedrich Engels）的一篇關於〈在馬克思墓前的講話〉。

　　「3 月 14 日下午兩點三刻，當代最偉大的思想家停止了思想。這個人的逝世對歐美戰鬥著的無產階級、對於歷史科學，都是不可估量的損失。」

　　這個演講的開場白就運用了我們前面所講的「開門見山」

型，恩格斯一開始就直截了當地表達了演講的主題，一下子就把聽眾的情緒調動起來。

這個演講方式，也可以直接運用到我們的行銷演講中，比如：

「最近天氣異常乾燥，我要與大家分享一款好產品，這個產品就是高智慧加溼器……」

這樣的開場，讓聽眾一下子就明白，接下來要講的主題就是加溼器的相關內容。雖然這是一個實實在在的「開門見山」型的方式，但是也有其巧妙之處，把「最近天氣異常乾燥」融入進去，能夠引起聽眾的認可，從而願意繼續聽你講下去。

如果，我們沒有運用前面的「最近天氣異常乾燥」這樣的短語，直接「開門見山」，那就必顯突兀，讓聽眾覺得毫無意義，不感興趣。所以說，要想讓「開門見山」型的方式達到好的效果，就必須經過一些巧妙潤色。這樣既可以直截了當的開宗明義，也可以避免因突兀引起地反感。

雖然這種「開門見山」型的方式看似簡單直接，但是沒有一定的技巧性，還是達不到預期效果。為什麼有的講師運用「開門見山」的方式後迅速得到聽眾地反應，而有的卻形成了反作用，讓聽眾沒有繼續聽下去得興趣。究其原因，就是沒有把握好小竅門，才導致聽眾不願聽你多講。我們來看下面兩個開場白：

「大家好，今天我向大家推薦一款產品，它的名字叫……」

「大家好，今天我推薦一款滋潤又保溼的補水神器給愛美的

大家，這款補水神器的名字叫……」

　　我們看完後，更喜歡哪一種呢？兩種都是「開門見山」型的開場白，帶來的效果卻是截然不同的，原因就在於第二種的開場白用了很多形容詞來修飾，注入了一定的感情色彩，把聽眾的吸引力集中到演講的內容中。而第一種只是平鋪直敘地闡述，讓你聽著就會犯睏，根本引起不了聽眾的注意。

　　值得注意的是，我們在運用「開門見山」式開場白時，不要過多使用修飾詞，頻繁使用的結果只會顯得累贅又多餘，甚至讓聽眾覺得很囉嗦，無法提起精神。我們在表達前，一定要對演講內容進行高度地概括和總結，用精練簡短的語言表達出來。

■ 二、「委婉間接」型：先做鋪陳

　　「委婉間接」型開場是完全不同於「開門見山」型的另一種開場方式。這種開場方式不直接闡述演講的主題，而是運用一些相關的話術或開場技巧做鋪陳，來引出演講的主題。比如我們在行銷演講中，要推銷一款空氣清淨機給大家，開場時你可以先講一講霧霾、甲醛、空氣品質等方面的內容，把聽眾的思維自然而然地引到健康上面，然後你再丟擲空氣清淨機這款產品出來。

　　運用好「委婉間接」型的開場，所呈現出來的效果也非常好。要想讓「委婉間接」型開場發揮其價值作用，我們可以借鑑以下幾種方式：

1. 引用型開場

運用一些名人名言或相關的語言做開場，不僅可以為行銷演講主題做鋪陳，還可以烘托行銷演講的現場氣氛。比如：

培根（Francis Bacon）曾經說過：「健康的身體乃是靈魂的客廳，有病的身體則是靈魂的禁閉室。」

沒有一個健康的身體，我們可能會失去一切，所以，大家一定和我有同樣的感悟，身體好了，一切才會好起來……這個開場白就是利用名人名言進行鋪陳，逐漸引出保健產品。我們在運用這一形式的開場白時，要注意以下幾點：

🗣 避免出現「牛頭不對馬嘴」的狀況

我們在運用一些相關話術和技巧做開場鋪陳的時候，要密切貼近相關產品。避免出現張冠李戴，牛頭不對馬嘴的狀況發生，就好比剛才我們提到的關於保健產品的行銷演講，如果你引用的名言是關於勵志方面的，那麼就會讓聽眾一頭霧水，不知所云。

🗣 追求有內涵的話語

不管是名人名言還是摘抄引用的語句，都要帶有豐富的內涵，這樣在行銷演講中就能提高感染力和說服力。而淺顯粗俗的語言，總給人一種隨意、敷衍的感覺，比如「某某說過，吃飽喝足才有幹勁」這類話語，不僅是毫無價值地表達，而且讓聽眾覺得不舒服。

🗣 引用名人或權威人士的話語

　　所謂「人微言輕、人貴言重」說的就是權威效應。我們在進行行銷演講時，引用一些名人或者權威人士的話語做開場白，可達到事倍功半的效果，因為聽眾往往會認可權威人士和名人的觀點，抓住聽眾的這一心理，可迅速引起他們的關注，同時也更能說服客戶。反之，如果你引用的話語，只是隨口編造的，那麼也發揮不了任何作用，反而會降低人們對你的期望值。

2. 聊天型開場

　　在行銷演講中，我們經常可以看到有些講師會透過聊天的方式，來拉近與聽眾之間的距離，讓彼此之間迅速建立起良好的信任關係。特別是一些有權威的人士和名人，用這種方式地互動和交流，效果出其的好。

　　講師上臺後為了拉近與聽眾之間的距離，會有一個暖場的過程，這個過程就是講師透過講一些與主題無關，但是客戶又比較感興趣的話題，來增加彼此的溝通。隨著聊天的深入，彼此之間的距離也越來越近，這時候你就可以自然而然的引入自己的行銷演講主題，這是一種典型的「委婉間接」的聊天式開場白。

3. 趣事型開場

　　我們每個人都有好奇心，特別喜歡聽一些奇聞趣事。那麼，我們在做行銷演講的時候，不妨講一些奇聞趣事來激發聽

眾的激情，從而快速吸引到聽眾的注意。

這個演講之所以很成功，開場白發揮了關健性的作用。演講者透過一個小故事引入演講內容，讓聽眾從一開始被有趣的故事深深吸引。其實在我們做行銷演講的時候，也可以經常借用這種方法，比如講一個熱點新聞或者大家不知道的奇聞異事，或者自己杜撰的趣事也行，只要是能夠吸引聽眾的話題，都可以運用起來。

值得注意的是，無論是奇聞異事還是新聞趣事，都要與我們所講得行銷演講內容相關，如果沒有直接關係，也要有間接關係。要不然，你在講完開場白後，生硬的引進正題，就會出現斷層的狀況，讓聽眾莫名其妙。

■ 三、個性創意型：先娛樂、再開講

我們前面說過，開場白其實沒有一個標準的固定模式，我們可以根據內容、產品和觀眾特性做一些「個性創意」型的開場，比如設計一些新奇、有趣的開場形式，其目的就是為了給聽眾耳目一新的感覺，從而激發聽眾的興趣。關於這種「個性創意」型，我們可以細分出以下幾種開場類型，供大家參考：

1. 自我解嘲

在行銷演講中，適時地運用一些自嘲的語氣進行開場，會讓聽眾有一種親切感。因為聽眾都普遍認為講師懂得肯定比自

己多，會有距離感，但當你用自嘲類的方式進行自我「抨擊」時，聽眾就會覺得你有親和力，進而從心理接受你的演講。

大師級別的人物最容易跟聽眾產生距離感，所以為了杜絕這種情況的存在，大師們往往也喜歡運用自嘲的方式，來獲取聽眾的親近感。比如愛因斯坦在一次科學研究會上這樣開場：

「因為我對權威的輕蔑，所以命運懲罰我，使我自己也成了權威，這真是一個十分有趣的惡性循環。」

愛因斯坦透過幽默的自嘲方式，迅速吸引到聽眾的注意，並逗樂了在場的所有聽眾，從而拉近了他們彼此之間的關係，聽眾也欣然接受了他的演講。

這就是極具個性化的創意開場，這種方式收到的效果固然不錯，但也存在一定的風險性，運用的不準確，也會帶個負面效果。因此，我們在做自嘲類的開場白時，要抓住一個適度的標準，自嘲太過度導致自己的形象貶損嚴重，當你的缺點都暴露出來了，你拿什麼來讓聽眾信服。

2. 製造懸念

利用聽眾的好奇心，我們可以製造一個懸念，這樣較容易調動聽眾的積極性，再賣賣關子，讓聽眾參與競猜，然後根據聽眾的反應來公布答案，這樣就能很快活躍現場的氣氛。

從演講的角度來看，利用笑話來引爆現場氣氛的方式是一種效果非常好的開場白。在以上這則笑話中，透過製造一個懸

念，來吸引聽眾的注意，然後再給出大家迫切想知道的答案，瞬間就讓現場的氣氛活躍了起來。不僅如此，透過巧妙設定，很自然的就引出主題。

我們不難發現，懸念類的開場都有一個共性，就是增強了聽眾的參與性，讓聽眾在娛樂過後進行深入思考，而這個思考過程非常關健，如果我們把握得好，可將聽眾快速往演講主題上引導，從而形成流暢的過渡作用。但需要注意的是，設定的懸念要與行銷演講內容相關，避免無效的懸念誤導聽眾的思考。在運用懸念類開場白的時候，要注意以下幾個關健點：

(1) 設定的懸念盡量高深一點，如果是普遍知道的，那就不能稱之為懸念。其次懸念不能太過於老套，這樣達到引爆全場氣氛的效果。

(2) 懸念設定後，根據聽眾的反應度來公布答案，這裡就需要把握好解開時機。懸念持續的時間太長或太短都不行，太長讓聽眾覺得心煩，沒有耐心再等；太短則發揮不出懸念設定的作用。

3. 幽默搞笑

我們在日常生活中，最喜歡接觸具有幽默感的人，這類人常常讓我們感到快樂，而且無比輕鬆。而幽默的語言和故事同樣具有這樣的功能，好好利用它們，也會讓聽眾感受到輕鬆愉悅的心情。而且，在娛樂效果下，這種方式引爆現場氣氛的作

用更明顯。

　　運用幽默類的開場白，盡量選擇積極高雅的語言，避免低級粗俗的無聊表達，因為在行銷演講時的語言基本功，也決定了我們在聽眾心目中的形象。

　　在實際操作的過程中，我們還可以根據現場情況設計出更加適合的開場形式。總而言之，好的開始，是成功的一半，如果我們能為行銷演講設計出一個好的開場白，那麼銷售成功的機率一定會增加好幾倍。

讓顧客參與演講的六個問句

行銷演講，雖說也是演講的一種，但它不同於其他類型的演講。因為它的目的十分明確，就是把手中的產品透過銷售演講的方式賣出去，把顧客的錢收到自己的口袋裡。

如果你以為隨便講幾句話，就能達到銷售產品的目的，那就大錯特錯了。為什麼說錯了？因為你如果不能在開場的短時間內帶動顧客的興趣，且單純的以為行銷演講是一個人在臺上自顧自講話，賣力地誇獎產品的諸多好處，那麼你的銷售結果離你的預期目標可能會相差甚遠。

仔細觀察周圍那些成功的銷售，我發現他們在做行銷演講時都有一個共同點：懂得向顧客問題。並在提問的過程中透過一問一答的方式，來帶動顧客的熱情與興趣，激發他們的購買欲。

比如說，醫生透過對患者提問，在一問一答間了解患者的真實情況；警察透過對犯罪分子的提問，在一問一答間發現蛛絲馬跡，從而順藤摸瓜順利破案；律師透過提問，在一問一答間不僅可以引導對方說出事實的真相，還能透過提問來反擊對方的囂張氣焰。

不只在其他行業，在銷售行業也是如此，我們可以透過提

問來挑起顧客的興趣，激發對方的參與度，讓顧客立刻參與到自己的行銷演講中來。

那麼，身為一位優秀的行銷演講者，面對不同的場合與不同的顧客，該運用怎樣的提問方式呢？下面整理了常見的六種提問方式，希望對大家有所幫助：

■ 一、封閉式問題

「到底是還是不是？」

「你是喜歡黃色的這款，還是喜歡紅色的這款？」

這幾種提問方式，都屬於封閉式提問，它的特點就是存在限制，答案一般在「是、不是」、「對、錯」、「有、沒有」之間展開。其好處主要展現在兩個方面：

第一，顧客不用過多思考就能做出回答，而你在行銷演講的過程中即便是跑題了也能瞬間將話題糾正過來；第二，有助於行銷演講者徵求顧客的意見與需求，做出相應的調整，從而促使顧客下決心購買。

雖說封閉式問題有助於讓顧客立刻參與到行銷演講中來，但這並不代表萬事大吉，在提問時也須要注意幾個關鍵：盡量問簡單又容易回答的問題，最好是二選一的問題，且能提問讓顧客參與回答的便盡量少說。

換言之，如果我們提出的問題不僅能讓顧客積極參與，且

連續回答 7 個「是」，那麼想讓顧客下單購買我們的產品就會變得輕而易舉。

反之，如果我們提出的問題複雜多變還需要反覆思考，顧客便極有可能在思考的過程中產生猶豫，或者因為其他方面的擔憂而做出否定的回答，在顧客產生抗拒與排斥的心理下，你再遊說對方下單購買，顯然困難重重。

■ 二、開放式問題

開放式問題的特點就是答案不存在絕對性，一般在「如何」、「什麼」、「怎樣」之間展開，它的好處就是透過提問，讓顧客開啟話匣子，在一種輕鬆愉悅的情況下侃侃而談。尤其是在行銷演講的過程中，若想和顧客產生近距離的互動，多了解一些顧客的需求，不妨多提出一些開放式的問題，增加成交的機率。

■ 三、整體式問題

行銷演講者在提出問題後，其目的是帶動臺下所有顧客的熱情與參與度，而整體式問題的好處便能極大滿足這一需求，迅速將顧客的注意力吸引過來。但這種提問方式也存在弊端，有些顧客內心就會想：反正有這麼多人回答，也不缺我一個。如果每位顧客都懷抱這樣的想法，就有可能造成冷場的尷尬局

面，這種情況下，又該如何處理呢？

　　很簡單，行銷演講者在丟擲問題後，就要從等待的人群裡尋找那些目光注視著自己的顧客，對對方抱以肯定的回應，並給予暗示，或許對方就會順勢而起，勇敢地站出來回答問題。若實在沒有顧客回應，那麼你也可以自圓其說：「臺下的顧客此時此刻都在思考剛剛的問題，那麼我先把自己的觀點表達出來，供大家參考。」以此來化解尷尬。

■ 四、直接式提問

　　直接提問就是點名某位顧客來回答自己提出的問題，其好處在於問題不至於石沉大海，總會有一個去向和著落，但缺點就是顧客在回答問題時很有可能因不知如何回答，而將答案說得天空行空、不著邊際。

　　因此，你在直接提問時可以點較為熟悉或了解的顧客來回答，最好是在開場前做好相關的準備工作。

■ 五、反問式問題

　　反問式問題與其他幾種提問方式皆不相同，它是指向顧客提出問題後，不予直接回答而將問題拋給顧客的一種方式。

　　值得注意的是，在將問題拋給顧客時，最好不要帶有挑釁或敵對的成分，否則容易激怒對方不說，還有可能被顧客憤怒

回應「我要是知道答案的話，還要你做什麼」，遭遇這樣不愉快的一幕。

■ 六、傳遞式問題

「XX 顧客，你能就 XXX 顧客剛剛提出的問題闡述下你的個人觀點嗎？」

這便是傳遞式提問，它是指某位顧客提出問題後，行銷演講者不予回答，而是把問題傳遞給在場的其他顧客，讓其他顧客來回答。這種方式雖然不錯，但在具體實施時也要注意以下三點：

(1) 並不是所有的問題都可以傳遞給其他顧客來回答

(2) 在描述產品的效能與特點時，不適合採用傳遞式提問，否則顧客會認為你的態度過於敷衍

(3) 在傳遞式提問的過程中，若收集到一些不同的意見與觀點後，也要學會做總結與歸納

以上便是帶動顧客熱情，讓顧客立刻參與我們演講的六個問句，只要合理運用並掌握了它們的規律與技巧，想要成功將產品銷售出去將會變得易如反掌。

不過，在具體的實施過程中，我們還需要牢記以下提問 4 個原則：

■ 七、向顧客提問的四大原則

1. 確定行銷演講的目標

　　雖然提問能獲得顧客的積極參與，但在提問時也不要忘記了此次行銷演講的目標是什麼，只有確定了目標，才能以目標為導向來提出問題，從而為接下來的成功行銷演講做鋪陳。

2. 問題要短小精練

　　提問時問題一定要短小而精練，要通俗易懂讓顧客瞬間就能理解和明白。反之，過於複雜的問題不僅耗費時間，還容易引起顧客情緒上的不滿。

3. 一次提一個問題

　　如果一次性提出的問題過多，那麼顧客可能會手足無措不知道先回答哪一個。因此，行銷演講者要想讓顧客即刻參與到演講中來，就只能一次提一個問題，以免造成顧客內心慌亂。

4. 提問可打組合拳

　　提問時並不需要嚴格按照順序來進行，也可以採取打組合拳的方式來穿插進行，比如先使用開放式再使用封閉式，只要能達到讓顧客參與的目的就行。

　　以上就是向顧客發問的方法和技巧，我們在做行銷演講時，要靈活運用本節中提到的六大提問方式，用問題讓顧客參與行銷演講。

創意開場，讓觀眾情不自禁地發出讚嘆

　　我在很多行業做過行銷演講，也有作為聽眾參加過他人的行銷演講。在我作為聽眾參加過的這些行銷演講中，有些是能讓我記憶猶新的，而有些我卻只能依稀記得當時銷售的產品是什麼，其行銷演講的過程卻一點也記不起來了。

　　之所以這樣，是因為行銷演講中各個環節的情景不相同，特別是行銷演講人員出場的方式設計不同，有些行銷演講中行銷演講人員的出場都能讓聽眾印象深刻，而有些行銷演講中行銷演講人員的出場則非常平淡無奇，讓聽眾過後就忘。

　　在本節中，我將重點向大家講述行銷演講人員出場設計。這裡所指的人員出場設計，並不單指行銷演講人員的出場，還包含參加會議的主持人、嘉賓和聽眾等人的出場，且人員出場設計還包含很多的方面，比如人員出場形式、引言和背景音樂等等。

　　那麼，如何才能設計出令人印象深刻的創意開場，讓觀眾情不自禁地說「wow」呢？接下來，就讓我們仔細地解讀和分析。

■ 一、引言

　　所謂引言，就是指對人員在出場時進行的一種人物介紹，這個工作一般是由主持人來做的。比如講師出場時，主持人可以這

樣介紹：「接下來即將要出場的這位，是一名優秀的講師，他在講臺上無私奉獻著自己的一生，為了自己的夢想不斷追求。曾經的他口吃，也做過保全，但是經過一番努力與打拚之後，他成為了優秀的講師，現在有請會講師訓練營創始人某某某上場。」

這便是一個成功的引言，因為在講師出場之前，裡面用了一些簡單凝練的修飾語和故事情節，製造出了一定的情景，讓聽眾對講師事先有了一個大概的了解。

要是專家出場的話，主持人則可以這樣介紹：

「所謂有調查才有發言權，在一個行業裡，如果你能研究 20 年，那麼你對這個行業肯定會有自己獨到的見解。今天，我們非常幸運能請到這樣一位專門調查某某領域的專家，他在該領域研究了 30 年，他就是某某某。」

這個也是一個成功的引言，它最凸出的優點就是主持人製造了一些情景，讓出場人物的形象更加飽滿，這也為出場人之後進行的演講奠基了良好的基礎。由此可見，在出場設計時，行銷演講者可以借鑑這種製造情景的方式融入到引言中，為行銷演講打好「開頭戰」。

■ 二、音樂

在行銷演講中，背景音樂是行銷演講人員出場不可或缺的一個要素，它不僅能活躍現場的氣氛，而且還能調動聽眾傾聽

的積極性。值得注意的是，不同的人物出場需要搭配不同的音樂風格，也就是說要選對背景音樂，才能造成最好的效果。

下面，我來為大家列出一些不同人物出場時常用的背景音樂，供大家參考。

聽眾進場的時候，大家通常用的最多的是激情飛揚的歌曲。

主持人出場的時候，大家用的多數是那些節奏感緊張、收放自如的背景音樂。

嘉賓或講師出場的時候，為了彰顯嘉賓或講師的尊貴以及大家對嘉賓或講師的重視，大家常用的是《拉德茲基進行曲》（*Radetzky-Marsch*），這首歌的曲風，不僅能夠展現嘉賓或講師的威望，還能有效地吸引聽眾的注意力。

■ 三、出場形式

其實，行銷演講出場的形式是多種多樣的，包括演唱會式出場、情景劇式出場、舞蹈式出場和隆重的出場等等。至於應該採取哪種出場形式，需要我們根據自己公司的銷售產品、行銷演講場合以及聽眾群體等因素而定。

一般情況下，聽眾群體是年輕人的，就採用一些新穎的出場形式，而聽眾是老年人的，則適合採用一些隆重而規矩的出場形式。

關於創意開場的內容，透過對本節的學習，相信大家已經

有一定的了解了，在今後的行銷演講中，如何做到讓觀眾情不自禁地說「wow」，這就需要我們在掌握本節知識的基礎上，再進一步將這些知識運用到實際行銷演講當中。

第 7 章
發問系統：
靈活提問，洞察顧客真心

　　提問和回答是一種巧妙的溝通方法，所有的行銷演講大師都是提問高手，他們可以透過提問探出顧客的真心。提問還可以幫顧客做選擇，讓他們明白自己想要什麼；提問可以解答顧客的疑惑，讓他們對成品有更深入地了解；提問還可以放大顧客的渴望，讓他們在問答的過程中立即購買產品。

從客戶感興趣的問題開始提問

很多業務員在跟客戶溝通的過程中，經常出現這樣的失誤：只談自己喜歡的話題，而不談客戶喜歡的話題。他們習慣用自己習以為常的說話方式去跟客戶溝通，而不習慣用客戶喜歡聽的方式跟他們溝通。結果，導致自己跟客戶的溝通難以進行下去不說，銷售的目的也無法成功實現。

所以，業務員應該採用靈活發問的方式來引導客戶開口，並藉助提問的方式，讓雙方的溝通順利進行，從而充分掌握資訊，得到客戶滿意的答覆。業務員採用正確的提問方式，不僅可以減弱客戶的牴觸心理，同時還能獲取客戶的好感，可謂是一舉兩得。

業務員在贏得客戶好感的基礎上，可以引導客戶按照我們的思維方式去思考問題，從而實現我們所期望的銷售願望。

所以，業務員採用靈活多變的提問方式去引導客戶，與自己做深入的溝通，肯定會為自己帶來很多意料之外的收穫和驚喜。

業務員在進行提問時，不妨在心中思考下下面這兩個問題：

我提問的目的是什麼？也就是要弄清楚自己為什麼提出這個問題，想要得到什麼樣的結果。

我應該採用哪種方式去提問？也就是要知道自己應該怎麼去表達問題，因為不同的提問方式，最後得到的結果是截然不同的。

以上兩個問題是所有成功的業務員都會意識到的，正因為如此，他們才能把提問做到滴水不漏，讓客戶滿意。那麼接下來，我們該如何去身客戶提出感興趣的問題呢？不妨從以下兩方面入手：

■ 一、客戶對哪些問題感興趣

首先，我們必須要確定客戶對哪些事情感興趣，這樣才好對症下藥。一般來說，我們可以從以下方面著手：

1. 客戶所重視的事情

業務員問客戶所重視的事情，這就意味著業務員對客戶本身是很重視的，這一點客戶肯定也能感受到。比如「您家小孩在幼稚園吃飯怎麼樣呀？」等等。

2. 客戶所熟悉的事情

每個人對自己不熟悉或太過於遙遠的事情不感興趣，客戶也是一樣的。所以，業務員應該多說那些客戶所熟悉的事情，才能開啟客戶的話匣子。

3. 客戶所習慣和鍾愛的東西

比如，如果客戶喜歡釣魚，那麼業務員就可以這樣問：「聽人說，您喜歡釣魚，請問您釣魚有什麼訣竅？」

4. 客戶引以為豪的事情

比如，遇到客戶在刊物上發表過作品的，那麼業務員可以這麼說：「我不久前在某學術刊物上看見了您的大作，讓我敬佩不已啊！」

5. 對客戶有好處的事情

基於人們愛貪小便宜的心理，業務員可以這樣說：「若是我這裡有一種辦法可以幫助您省去 20％的電話費，那您願意了解一下嗎？」

■ 二、如何問顧客感興趣的話題

在我們大概了解了客戶感興趣的的話題後，接下來，我們就可以圍繞這些話題對客戶提問了。那麼，我們如何要如何對客戶問及他們感興趣的話題呢？可以從以下 4 個要點入手：

1. 誘發好奇心

所謂誘發好奇心的方法，就是指業務員跟客戶見面之初，就向客戶說明情況或者提出問題，且故意說一些能激起他們好奇心的話題，然後再把他們引導到自己能夠為他們提供的好處

上來。

　　比如有一個業務員，給一位多次拒絕見他的客戶遞上一個紙條，紙條上寫：「請您給我十分鐘可以嗎？我想為一個業務上的問題徵求您的意見。」這句話誘發了這位客戶的好奇心——他想向我請教的問題是什麼呢？同時也滿足了這位客戶的虛榮心——他向我請教問題，說明我很有能力。結果意料之中，業務員如願進入了客戶辦公室。

2. 與客戶的工作生活密切結合

　　如果想讓客戶對我們的產品感興趣，只有一個辦法，就是將我們的產品和客戶的工作與生活中的需求連線起來。身為業務員，我們應該認真地思考這些問題，比如「客戶需要的是什麼？」「客戶的哪些事物與我們的產品有關聯？」等等。

3. 了解人性

　　有人說：銷售是一種了解人性且滿足人性的過程。這句話非常有道理。而世界成功鼻祖卡內基（Dale Carnegie）也曾寫過《人性的弱點》（*How to Win Friends and Influence People*），該書一出版，便風靡全球，且長銷不衰。從這兩點來看，足以說明人性的重要性。

　　所以，如果我們若想成為一個頂尖的業務員，那麼首先需要了解人性。

4. 抓住客戶怕損失的心理

通常，一個人內心的本能反應是「趨吉避凶」，這和我們推崇的「追求快樂，遠離痛苦」其實是一個道理，客戶也不例外，他們同樣也會懷抱這樣一種害怕損失的心理。

所以，身為業務員，我們要讓客戶覺得沒有使用我們的產品是一種損失，這樣他們就有可能會購買我們的產品了。

總而言之，做什麼都需要技巧，做銷售也是一樣。所以，業務員在對客戶進行銷售之前，應掌握一些溝通上的技巧，這樣才能從客戶感興趣的問題入手，才能激發起客戶的購買欲。而本節內容，就是教你如何有技巧地去跟客戶溝通，以便最後達成自己預期的銷售目標，只要將以上提問的技巧加以合理的運用，想要成功促成銷售將不再是難事。

開放式問句與封閉式問句的運用

在行銷演講的發問系統中，所問的問題不是能得到顧客回答就可以的。要知道，模糊語言也是顧客保護自己的一種方式，有些顧客甚至會直接說出拒絕的話或是擺出拒絕的態度。但是身為銷售人員的我們，不能因為顧客的拒絕而退縮，而是要學會用特殊的問句來「撬開」顧客的嘴，這樣才能從顧客的語言中獲得自己想要的資訊，然後再滿足顧客的本質需求。

發問是一門學問，不同的問句可以帶來不同的效果，讓顧客開口才是關鍵。在行銷演講系統中，所有的問句分為兩大類：一種是開放式問句，一種是封閉式問句。

如果我們能很好的掌握以上兩大類問句，就可以在恰當的時間使用不同的問句對顧客進行提問，同時再配上一些輔助性的語言，這樣不僅能得到自己想要的資訊，還能讓顧客感覺舒適、自然。

■ 一、開放式問句

在開放式問句中，一般會包含一些關鍵詞，比如：「怎麼」、「為什麼」、「如何」等，這些關鍵詞的目的是為了引導顧客按照業務員的思路來問答問題。比如：「您覺得這款產品怎麼樣？」

「您為什麼要把以前產品換掉呢？」「您是如何看待我們的產品的？」等。銷售人員透過這些不同的問法，從而引發顧客不同的回答。

銷售人員在問出開放式問句之前，一定要先與顧客建立良好的關係，最好是顧客對銷售人員產生了信任感後再發問，這樣才不會引起顧客的反感。需要注意的是，就算銷售人員與顧客之間已經建立了很親密的信任關係，但是在使用開放式問句時，也不要對顧客進行連續發問，因為連續的問句「逼問」，會讓顧客產生一種被「審問」的錯覺，從而產生抵抗情緒。

在適當的場合下使用開放式問句，才能從顧客身上挖掘出對自己有用的資訊。因此，行銷演講者應該避免在不當場合使用開放式問句，這樣才能發揮出開放式問句的七大作用。

1. 獲得顧客的資訊

掌握顧客需求就是核心競爭力，銷售人員可以透過開放式問句來獲取顧客的資訊，從而掌握顧客的需求，因此開放式問句是掌握顧客需求的最好方式。

比如：「您認為一款好的產品應該具備什麼樣的特點呢？」這樣的問句可以讓顧客把自己心中好產品的特點說出來，那麼銷售人員就可以從顧客的語言中掌握客戶的需求。因為顧客心中好產品的特點正是他們真正的需求所在。

2. 引起顧客對特定問題的思考

因為開放式問句會讓顧客根據自己的喜好來做出回答,而不是限制顧客回答的方向,所以開放式問句能引起顧客對特定問題的思考,並做出回答。

3. 找出顧客究竟在想什麼

因為開放式問句留給顧客「自由發揮」的空間很大,所以大多數顧客都會按照自己內心的真實想法來回答問題,只有極少數顧客會用含糊不清的語言說法來搪塞。但是我們要知道,就算是一些含糊不清的語言也能間接地表達出顧客內心真實的想法,所以,開放式問句能幫助銷售人員找出顧客究竟在想什麼,從而幫助銷售人員掌握顧客內心的需求。

4. 找出顧客所相信的事

如果銷售人員能透過開放式問句引導顧客說出內心的想法,就能找出顧客所相信的事,這樣不僅能找到讓顧客相信自己、相信品牌、相信產品的機會,還能使銷售人員和顧客形成長期合作的關係。

5. 建立信賴感

銷售人員要想與顧客建立信賴感,首先要找出顧客所相信的事,只有這樣才能有機會讓客戶對自己產生信賴感。因為信賴感是幫助銷售人員達成銷售的重要因素之一,顧客是否願意

購買產品，一定程度上取決於顧客是否相信銷售人員。

6. 引起雙方互動

能引起銷售人員與顧客互動的最佳方式就是開放式問句。當然並不是所有的開放式問句都能引起雙方的互動，只有客戶覺得「有意思」的問題才能引起雙方的互動，因為「有意思」的問題才能讓顧客產生回答的興趣，否則就容易出現冷場的局面。

7. 讓顧客進入購買情形

要知道，銷售人員行銷演講的目的就是為了讓顧客產生購買的行為，而開放式問句就可以幫助銷售人員達到這一目的。銷售人員可以用開放式問句模擬出顧客購買產品時可以享受的服務，讓顧客提前感受購買的情形，當顧客對購買情形滿意時就會產生購買的欲望。

在行銷演講的過程中，只要銷售人員能在恰當的場合使用好開放式問句，就能獲得許多意想不到的資訊，需要注意的是，銷售人員一定要掌握提問的節奏，這樣顧客才能心情愉悅地回答問題，進而拉近銷售人員與顧客的關係。

■ 二、封閉式問句

封閉式問句是對所問的問題提出有限的選項，目的是為了引導顧客在有限的選項中做出選擇。在行銷演講的封閉式問句中，一般只會給顧客「是」和「否」兩個選擇，比如：「您覺得這

個品牌好不好？」「您覺得這項服務行不行？」「您覺得這個產品好不好？」等。

雖然封閉式問句沒有給顧客留下「自由發揮」的空間，但只要不是咄咄逼人的頻繁使用，封閉式問句也能發揮出巨大的作用。

1. 確認顧客講過的話

封閉式問句也可以像開放式問句一樣，幫助銷售人員確認顧客說過的話。通常情況下，當銷售人員提出開放式問句後，顧客對自己的需求表達很模糊，那麼此時銷售人員就可以用封閉式問句來問客戶「是」或「不是」，這樣就可以進一步了解顧客的需求。

需要注意的是，在提問的過程中，銷售人員千萬不要反覆確認客戶的話，否則會讓顧客以為你沒有認真聽他說話，進而使顧客產生不耐煩的情緒。

2. 確認顧客的意願度

封閉式問句是確認顧客意願的最佳方式。因為開放式問句留給顧客「自由發揮」的空間太大了，有些顧客的回答就會太過隨意，所以銷售人員很難明確顧客的意願。而在封閉式問句中，因為顧客的選擇有限，很有可能只有「願意」和「不願意」兩個選項，所以銷售人員能更好的確認顧客的意願度。

3. 得到自己想要的回答

　　銷售人員透過封閉式問句同樣可以得到自己想要的回答，這也是一種心理預設成交方式。銷售人員透過提出的問題把顧客帶到成交環境中，這樣可以增加成交率。比如，銷售人員問顧客：「您是買一部還是買兩部？」「您是現金支付還是電子支付？」「您是辦理基本套餐還是高級套餐？」等。

4. 測試顧客的需求、想法

　　封閉式問句還可以幫助銷售人員測試顧客的需求和想法。比如，可以用來測試客戶是否有購買的想法、否有某方面的需求、是否對品牌有好感等等。需要注意的是，銷售人員在測試的時候，千萬不要有意探測顧客的隱私，否則容易引起顧客的反感。

　　在行銷演講的發問系統中，「問」是銷售人員向顧客介紹產品的機會和方法，同時也是銷售人員了解顧客需求的重要手法之一。需要注意的是，銷售人員在問問題的時候，最好把問題涉及的範圍逐漸縮小，換句話說，就是銷售人員可以先以開放式問句為主，然後等顧客產生一定的信任感後，再適時用封閉式問句來獲得更準確地資訊。

如何問出顧客的渴望

發問不僅是挖掘顧客渴望的關鍵,而且是銷售人員引導顧客購買的前提。銷售人員透過不斷地發問來問出顧客的需求,然後把這些資訊進行累積,最後就可以問出顧客的渴望,從而讓顧客了解他們內心真正渴望的產品。那麼銷售人員要怎麼問才能問出顧客的渴望呢?這就需要經過以下三個步驟才能達到最終的目的。

■ 一、問出顧客不可抗拒的事實

想要問出顧客的渴望,首先就要問出顧客不可抗拒的事實。因為顧客認為,銷售人員之所以接近他們是為了他們口袋的錢,因此顧客從一開始都對銷售人員有所防備。如果銷售人員一開始就提出問題,那麼只會使顧客加強心理防備,從而出現顧客與銷售人員「唱反調」的局面。如果銷售人員能從問題的事實入手,問出顧客不可抗拒的事實,那麼就能讓迅速拉近顧客與銷售人員的關係,從而使雙方保持良好的溝通狀態。那麼,什麼樣的問題是顧客不可抗拒的事實呢?比如,下面的這些問題就是顧客不可抗拒的事實:

現在子女的教育的問題已經成為我們家長最關心的問題了,您說是吧?

在整個家庭中，您承擔的責任一定是最多的，是吧？

誰都願意接觸更多優秀的人，擴展自己的人脈，對吧？

您一定認為健康與美麗同樣重要，是吧？

■ 二、把事實變成顧客的問題

當銷售人員問出顧客不可抗拒的事實後，就要試著把這些事實變成顧客的問題，因為建立在事實基礎上的問題正好就是顧客急需解決的問題。如果銷售人員能提出以事實作為依據的問題，那麼就能引起顧客的共鳴，從而使顧客產生認同感。同時，顧客也會解除戒備，與銷售人員在輕鬆的環境中溝通。

以上這些問題都是大多數領導者會出現的問題，問題中的「有沒有」就屬於封閉式問句。當顧客回答「有」的時候，事實就成功地轉變成了顧客問題，當然，有些防備心理特別嚴重的顧客也會回答「沒有，」此時，銷售人員就可以用開放式問句來問顧客「如何做」。

如果顧客的回答依舊很模糊，那麼就說明銷售人員的機會來了；如果顧客的回答很仔細，那麼銷售人員就可以找出回答的不足之處進行補充。要知道「人無完人」，幾乎很少有人能把「如何做」這類問題回答的很完美，當顧客的回答出現缺陷的時候，就是銷售人員找出問題的機會。

銷售的過程其實就是「幫顧客解決問題」的過程，把事實變

成顧客的問題也是幫顧客找出問題，只有先找出問題，銷售人員才能為顧客解決問題。

■ 三、把問題變成顧客的渴望

當銷售人員找出顧客的問題之後，就要透過產品來幫助顧客解決問題，其實也就是洞察顧客購買產品的渴望。因為所有銷售的最終目的都是為了達成交易，當顧客在交易之前對產品產生了一定的渴望後，就能順利達成交易了，這也是顧客購買產品的主要原因。要知道，顧客的渴望其實就是迫切希望解決自己的問題，因此，用問題的累積來引發顧客的渴望，就可以達到快速交易的目的。

雖然購買的決定權在顧客的手上，但是銷售人員卻可以透過問題來引導顧客做決定。所以，銷售人員一定要先設計好自己問問題的方式以及所問的問題，這樣才能在「問」的過程中洞察顧客的真實需求，問出顧客的渴望，使顧客在渴望的促使下做出購買的行為。

用提問將產品價值最大化

　　如何用發問把產品塑造到無價？我們在實現滿足顧客渴望這一目標後，接下來就應該要思考這個問題。我之所會這麼說，是因為在顧客的心裡，他們所渴望買到的商品應該是具有較高的性價比的。雖說眾所周知「一分錢一分貨」，但是沒有人不希望「用最少的錢，買到最有價值產品」。因此，如果我們在行銷演講的過程中，能讓顧客感受到產品的無價，那麼他們不管花多高的價錢，都會覺得是值得的。而最好的把產品塑造到無價的方式就是發問。

　　事實上，要想將產品塑造到無價並非那麼困難，只要在行銷演講的過程中了解並激發顧客心中對產品的渴望和需求就好。通常我們可以向顧客講述使用產品後可以獲得的好處，並想顧客發問：「你想要嗎？」我相信只要顧客了解到使用產品的好處，必然會回答「想要」的。

　　我常常會對那些猶豫要不要上我的課程的人說：「如果你能學會行銷演講，那麼你的員工會對更加積極主動的工作，也會對你和公司更忠誠，你想要嗎？」「如果你能學會行銷演講，那麼你公司想要迅速提升業績就是輕而易舉的事情，你想要嗎？」對於其他產品而言也是如此，我想，沒有那個顧客會在面對產

品帶來的好處時說「不想要」吧。

所以，只有在顧客心中塑造出產品的價值，而且是顧客渴望得到的價值，那麼說服他們回答「想要」便是輕而易舉的事情，這樣還會愁顧客不想買我們的產品嗎？

那麼，我們應該怎樣來塑造產品的價值呢？這對很多企業來說都是一個難題，在今天的經濟大環境下，產品同質化的現象日益嚴重，哪怕是剛剛面世不久的新產品，在銷售一段時間後也會馬上出現一批模仿者。如果企業想要在市場競爭中取得一席之地的話，就要塑造產品和品牌的獨特價值，也就是我們前面所講的「把產品塑造到無價」。

我們在行銷演講的過程中，可以從這幾個方面來塑造產品的價值：

■ 一、品牌價值

品牌價值是區別我們的品牌與其他同類產品品牌的的重要象徵。只有塑造了自己的品牌的價值，我們的產品才能在眾多同類品牌產品中脫穎而出。品牌價值也是顧客辨識和認可我們的產品的重要標識。

說到品牌價值，我不由自主的想到了「可口可樂」，想必「可口可樂之父」羅伯特・伍德羅夫（Robert W. Woodruff）曾經說過的一句話很多人都聽過，他說：「即使全世界的可口可樂工廠在

一夜間被燒毀，他也可以在第二天重建所有的工廠。」到底是什麼讓羅伯特・伍德羅夫如此自信呢？當然是「可口可樂」的品牌價值。下面我來說說「可口可樂」是如何塑造其品牌價值的。

可口可樂之所有能有現在的品牌價值，離不開它對每一個塑造品牌價值機會的把握，對於可口可樂來說，其品牌價值才是屹立不倒的根本，也是羅伯特・伍德羅夫敢誇下海口的原因。可以說，只要可口可樂的品牌價值一直存在，那麼，即使其工廠在一夜間被燒毀，可口可樂也能在一夜之間恢復如初。

無論做什麼產品，要想塑造價值，首先壓塑造品牌價值，唯有屹立在市場中、消費者心中的品牌價值不倒，其產品價值才更容易打動顧客，行銷演講才更容易成功。

■ 二、標竿價值

所謂的標竿價值，是將自己的產品和公司打造成行業的標竿，也就是說讓自己的產品和公司在行業內有某些方面凸出的優勢，既打造自己的核心競爭力，做到他人沒有的我有，他人有的我做得的更好。

■ 三、量化價值

將公司的品牌價值以及產品的特徵優勢以具體的形式量化，量化後所得出的結果即其量化價值。很多時候，量化價值

不僅能使我們確立自己公司產品的市場地位以及影響力，同時
更能幫助我們明白自身的市場價值。

■ 四、心理價值

所謂的心理價值是指：「市場經濟體系的核心驅動力，決定
產品及產品價格的產生和變化。心理價值累積導致供求雙方動
機的產生和轉化，繼而導致供求行為的產生，並最終決定供求
關係的量變和質變。」

事實上，心理價值是無處不在的，可以說我們所處的商業
社會就是一個「心理價值互換的社會」。我們可以將心理價值
運用到我們的行銷演講中，也就是說，如果我們能在塑造產品
價值時，使我們的產品在顧客心中產生較高的心理價值，那麼
顧客就會對我們的產品產生更多的好感，對產品的需求也會提
高。所以，在塑造價值時，心理價值也是非常重要的一項內
容，提高心理價值，就能提高顧客貴產品和品牌的認同和需求
量，從而提高產品的銷量。

總而言之，在意顧客為導向的市場中，唯有塑造強而有力
的價值，才能把握住市場，才能引導客戶向自己湧來，才才
能成功地將我們的產品和品牌銷售出去，進而創造更大的企業
價值。

第 8 章
互動系統：
最有效的互動技巧，帶動現場氣氛

　　在行銷演講過程中，互動環節必不可少，除了遊戲互動、體驗互動、諮商互動、問答互動以外，語言溝通、眼神交流和肢體動作都可以作為與客戶互動的手法。行銷演講者必須掌握互動技巧、把握互動時機，讓互動帶動氣氛，在與客戶的互動中推動成交。

遊戲互動：拉近與顧客的距離

促成行銷演講成功的因素有很多種，而我今天著重要講的內容是行銷演講中的互動環節。我們知道，許多企業很注重企業文化、產品簡介等宣講式的培訓，總是單方面的希望得到客戶的關注，可這樣的方式並不被大多數客戶所接受，他們會因為培訓過程的枯燥乏味，而無心關注到企業和商品上。

但如果我們在這個過程中，加入互動的環節，讓客戶參與到各個互動環節中來，是不是更能調動客戶的參與性和積極性呢？

答案是必然的，互動環節確實能拉近我們與客戶之間的陌生感，讓我們能盡快的和客戶熟絡起來，整個過程的氛圍也會隨之升溫。透過互動，客戶與我們不再陌生，開始變得親密、友善起來，並逐步建立了彼此之間的信任感。

在這個環節中，我們可以及時發現客戶思想上存在的疑慮和問題，及時做出銷售策略的更改，進行「對症下藥」。所以，互動環節的有效運用，不僅拉近了與客戶間的距離，對於銷售成果也是極為有利的。而我認為，在眾多互動環節中，最為行之有效的便是「玩遊戲」。

■ 一、用遊戲打破僵局

　　遊戲的能量是無限大的，所以不要低估了一些小遊戲的自身存在價值。在行銷演講的過程中，一些看似簡單的小遊戲，不僅能製造一些歡聲笑語，活躍現場氣氛，而且能迅速拉近我們與客戶之間的距離，讓彼此之間不再陌生。

　　在遊戲的帶動中，我們一起歡笑、一起努力、一起為了贏得比賽而團結一致。在這種歡樂的氛圍裡，我們不再陌生、不再尷尬、不再覺得自己是孤單的一個人，人與人之間因此而變得親密無間，這便是遊戲所帶來的力量。

■ 二、用遊戲打破隔閡

　　在行銷演講會現場，很多人互相都不認識，對於不認識的人，人們的潛意識裡會有一種害怕、緊張和防備心理，在陌生的環境中對身邊的人與事物保持著警惕，不敢與別人接觸，不許別人輕易靠近自己。

　　而這種本能的自我保護意識，就像是一層無形的「防護罩」，隔開了客戶與我們之間的距離，我們要講什麼內容，做什麼樣的活動，有什麼樣的產品都無法流暢地傳遞到客戶的心裡，這給我們的銷售無形中增加了太多的阻礙。

　　那麼我們要怎麼摘掉這層防護罩，才能輕鬆走到客戶跟前呢？

很簡單，運用我們上面所講的小遊戲環節來增加互動性。在設定小遊戲的環節中，可以是聽眾與我們互動，也可以是聽眾之間的互動，不管是聽眾與誰互動，其目的都是為了讓聽眾直接參與到互動環節中來，並從中得到遊戲帶來的歡樂。

我們知道，行銷演講會不是朋友聚會，大多數人都是獨自一人，或兩兩為伴，大家因彼此不熟而覺得陌生。但在遊戲的過程中，不僅可以增進人與人之間的情感和交流，甚至還可以發展成親密無間的朋友。因為遊戲讓聽眾與聽眾成為搭檔，也成為了同一戰線的盟友，他們慢慢熟絡起來後，便會坐在一起玩鬧或者聊天。

這就是遊戲存在的價值，它讓聽眾不再對陌生的環境和人產生恐懼和芥蒂，而是參與進來，從中感受到和諧與親切，並心甘情願地卸下「防護罩」，願意與我們融為一體。

■ 三、經典小遊戲的推薦

既然遊戲在行銷演講中產生的力量如此之大，那我就推薦幾個簡單易行、人人都能夠參與的小遊戲，供大家參考。

1. 快樂傳真

遊戲方法：

(1)先進行分組，每組大概 4 到 5 人；

(2)五個人依次站成一排，每個人只看到前面一個人後腦勺；

(3)第一個人拿到主持人給的紙條後，按規定在 15 秒內表演給下一個人看，表演的時候只能有肢體動作，不能發出聲音；

(4)直到最後一個人，能正確說出答案，就算贏；

(5)每組輪流進行遊戲。

道具：列印題目的紙或板。

2. 天地花開

遊戲方法：

(1)場地中放置若干個紅黃藍三種顏色、同等數量的小氣球，再在天花板上放三個紅黃藍大氣球，把現場聽眾大致分成紅黃藍三組；

(2)每組先派 1 人上臺進行踩氣球比賽，誰先踩完自己隊的氣球，誰就可以先帶上扎氣球的髮夾；

(3)帶上髮夾的人馬上去扎天花板上自己隊的氣球，誰先扎破，誰代表的隊就贏了。

道具：紅黃藍氣球若干個、彩屑、髮夾。

3. 造反運動

遊戲方法：

(1)大概 10 到 12 人左右，圍成一個圈，主持人站中間；

(2)主持人說「上」，所有人的頭要低下，當主持人說「下」，所有人的頭應該抬起，總之，主持人做出的口令，參與遊戲的

人要做出相反的行為。

(3)實行淘汰制，誰做錯了，誰就出局；

(4)剩到最後的人就是贏家。

提示：不一定用轉頭的方式，也可以用手進行比劃。

4. 比手畫腳

遊戲方法：

(1)兩個人面對面站著，讓其中一個人看到題目後進行比劃，另一個人猜；

(2)在規定時間內，哪個組猜得最多，哪個組就獲勝。

道具：列印題目的紙或板。

5. 氣貫雲霄

遊戲方法：

(1)每組 3 人，每次 2 組。站線外，先進行吹氣球比賽，並綁好繩子；

(2)每吹完一個氣球就綁上氣球棍，然後跑到對面的發泡板將氣球插上；

(3)每組 3 人輪流進行，哪個組先插滿 15 個，哪個組就勝出。

道具：氣球若干、繩子若干、氣球棍若干、發泡板一塊。

除了以上介紹的幾種經典小遊戲以外，還有很多種遊戲的

玩法，大家在平時的生活和工作中可以多多累積好的遊戲，也可以在經典遊戲的基礎上做一些變化。我們可以建立屬於自己的遊戲庫，把它們按玩法和效果分門別類，這樣一來，在準備行銷演講時，就可以信手拈來了。

　　總而言之，玩遊戲是拉近與客戶距離、烘托現場氣氛的最佳方法，我們一定要學會運用它。

體驗互動：深入了解產品，傾聽顧客心聲

　　體驗是什麼？我的答案是親身經歷，實地領會。那麼，企業舉辦客戶體驗又是什麼呢？就是企業以服務為舞臺、以商品為道具，讓客戶在購買之前搶先享受商品的價值以及企業的服務。

　　但我覺得這個回答並不深刻，企業真正想要收穫的是客戶體驗後的一系列心理過程，也就是商品和服務帶給客戶怎樣的感受，是舒適？讚嘆？還是回味？其目的就是讓客戶在體驗後真正認可商品及企業的價值。

　　在客戶體驗環節這個過程中，我們要充分調動客戶的感性因素和理性因素，刺激客戶的感官、情感、思考、行動和聯想等因素，時刻注意客戶體驗後的感受。同時，我們還要學會察言觀色，不要總是急於表達自己的想法，而是學會傾聽，站在對方的角度思考。

　　特別是在銷售中，如果我們與客戶交流的時候，只顧自己表達，而不願為客戶考慮，更不清楚客戶內心的需求和感受，那麼客戶根本不會理睬我們，甚至還會覺得我們很厭煩，這樣一來那彼此之間地溝通就根本無法繼續下去。

　　每個人都希望得到別人的注意，客戶也是一樣，所以客戶

在體驗的過程中，我們要多觀察、多聆聽，並站在客戶的立場上考慮，做出恰當地引導，這樣客戶才會從心底接受和認可我們。

只有體驗才能讓客戶真正了解到產品的最終價值，而不是靠華麗的外表來決定。

在行銷演講現場，人們最初對產品是一無所知的，所以很願意去親身體驗。這個環節也是最受客戶歡迎的環節，因為在體驗的過程中，客戶能更深刻的了解產品。

比如有些客戶只是隨便看看，並沒有想買的意願，但是透過體驗後，發現產品確實不錯，於是就心甘情願掏腰包購買。當然，客戶體驗環節的神奇也是建立在好品質的產品之上，產品品質不好，體驗就毫無價值可言。

在體驗的過程中總會有溝通，這個時候，我們要記住不能光顧著自己講，而是多聽客戶想要表達什麼。我們只有知道了客戶的感受和需求，才算真正了解到客戶，繼而想辦法打消客戶的疑慮，解決客戶的問題，最後達成交易。

總之，在體驗互動環節中，我們應該多問、多聽、多引導，這樣才能讓客戶多了解產品，我們才能更好的聆聽客戶心聲。

■ 一、多問

我們經常碰到這樣的銷售人員，總是滔滔不絕的向客戶講述自己的產品和企業多麼棒，講得也不差，可客戶卻不為所動，毫不領情。為什麼會出現這種情況呢？就是因為他並不了解客戶的真正需求是什麼，只是一味地表達自己想說的，但這樣只會把客戶推的更遠。

銷售的關健點是什麼？就是客戶的感受和需求。我們想要了解到這些資訊，就必須有意識、有策略地對客戶進行引導式發問，讓客戶的真實需求都呈現出來，這樣我們才會及時發現問題並給出解決方案，最後有針對性地激發客戶購買的熱情，達成交易。

■ 二、多聽

一說到銷售者，很多人對他們的印象就是能說會道，好像是只要你能說會道，銷售這份工作就一定能做好。其實，事實並非如此，很多時候我們說的越多，客戶越反感。反感的原因就在於說的那些，對客戶來說都是一些廢話，只會浪費彼此的時間。

這個時候，我們應該做一個傾聽者，多聽客戶說，讓客戶表達他們內心的感受和想法，這樣我們才能真正了解客戶的需求。這樣，客戶在講的過程中，也會有一種被重視、被關心的感覺。

　　總之，多聆聽客戶的需求，並給出自己誠摯的關心和意見，這樣我們才能被客戶接受。

■ 三、多引導

　　人的心理總是很奇妙，往往會將白紙上的一個小黑點無限放大。為什麼會這樣呢？因為人的想像力特別豐富，總喜歡延伸出更多的層面，同時也容易受到周圍人的影響而改變自己的想法。同樣的，在行銷演講時我們也會碰到這種情況：當一個客戶對我們的產品不滿意時，就會帶動其他人也跟著認為我們的產品不好，這種負面引導甚至會把整個活動會場弄砸。

　　其實，遇到這種情況並不是無計可施，只要我們學會適時的引導，不要讓客戶的負面情緒占主導，在體驗的環節中，把客戶往產品的品質上面引導，這樣客戶就會真心認可我們的產品。

　　當客戶在靜心體驗的過程中，是非常不希望被外界打擾的，這個時候，我們一定要管住自己的嘴，不要過多的去干涉客戶的體驗效果，除非客戶主動要求幫助。讓客戶憑著自己的體驗效果做出購買的選擇，這個時候，我們的服務態度也很關健，多聆聽客戶體驗後的感受和需求，並及時給予回應和解答。

諮商互動：解答客戶疑問，調動好奇心

我們所說的行銷演講互動實際上就是讓顧客從「被動式接受」轉變為「主動享受」的一個重要過程，在這個過程中，我們不可避免地會遇到客戶諮商這個環節，如何在這個環節讓客戶主動參與互動，並對產品感興趣呢？這就需要透過諮商互動來調動客戶的好奇心。

在我看來興趣是一種動力，無論我們做什麼事情，如果對這件事極為感興趣，我們就一定會心甘情願地去做。同樣，讓客戶對產品和企業感興趣，他才會有繼續去關注和了解的動力。

所以，在行銷演講過程中，我們一定要學會激發客戶的好奇心，這樣才能讓客戶主動參與並接受我們。我覺得激發客戶最好的時機就是諮商互動環節，透過這個環節我們可以深入了解客戶的內心需求是什麼。

■ 一、反問客戶

在諮商互動的環節中，不能只讓客戶提問，在適當的時機，我們還要學會反問客戶。這樣不僅可以增加與客戶的溝通時長，還會激發客戶的好奇心。

■ 二、不直接回答，用事實說話

用客戶的好奇心作為切入點，進一步植入產品，加深客戶的印象，往往可以造成非常好的效果。因為和語言相比，事實更有說服力。所以，面對客戶的問題，我們可以不直接回答，把事實擺在他們面前，讓他們親眼看到事實的真相。

這裡所說的事實，包括數據、圖片、使用感言和產品效果展示等，用事實來解答客戶疑問，是最具有說服力的。

■ 三、為客戶提供解決方案

面對客戶的好奇和疑問，我們總要給出解決方案，有了解決方案，客戶才會對我們的產品真正信服，並願意去嘗試。

我們在遇到客戶諮商的時候，一定要利用客戶感興趣的問題來激發他們的好奇心。比如可以用刺激性的話語激發這種好奇心。

總之，好奇心是人們的天性，可以驅使我們行為的改變。同理，我們也要牢牢抓住客戶的好奇心，讓客戶對我們的產品產生好奇，並願意繼續了解下去，這樣才能增加成功的可能性。在行銷演講過程中，客戶的諮商環節在整個互動活動中起著舉足輕重的作用，我們只有透過與客戶的互動和交流，來最終引導客戶促成交易。

有獎徵答互動：聚焦關注，洞察真心

很多行銷演講活動都有設定有獎徵答環節，我認為這是一個非常有用而且很關鍵的環節。透過有獎徵答，我們不僅可以炒熱現場氣氛，還可以聚焦客戶，並且從中探知客戶內心的真實想法。

在我的行銷演講課程中，我很喜歡用這個環節來與臺下的客戶和觀眾進行有獎徵答互動。適當的進行獎勵，可以提高聽眾的積極性，因為有獎徵答的實質就是為了達到某種效果而對聽眾進行推動和獎勵的活動。

有獎徵答活動最大的特點就是迅速引起人們地關注。所以，我們在行銷演講的過程中，適當地運用有獎徵答，造成的效果非常好，不僅能讓大眾喜歡，還能激起客戶的參與熱情。

尤其是一些參與獎的設定，更是擴大了關注此活動的人群，並對活動的順利進行造成了促進的作用。那麼，這個活動如此有感染力，我們應該怎麼發揮它的作用呢？這就需要我們利用這個活動為契機，多了解客戶的資訊，並有針對性地選擇一些題目進行提問。下面我就跟大家講述下如何有針對性地選擇問題：

■ 一、問答應圍繞著產品和公司展開

獎品總是會吸引人們的注意力，所以在活動中設定有獎徵答，也是最容易被人們所接受的。我們在設定有獎徵答的時候，不能只顧著活躍現場氣氛，更要注重產品透過有獎徵答是否造成宣傳和推廣作用。

要注意的是，設定的問題盡量要多樣化，有簡單的也要有複雜點的，同時還可以設定一些開放性問題，總之問題不要太偏離產品本身就行。透過這樣的有獎徵答活動，我們才能對客戶有更深入的了解，並做出相應的客戶層次劃分。

我們要滿足客戶的需求，就要了解他們的想法，透過有獎徵答環節的互動雖然可以造成一定的作用。但需要注意的是，在互動的每個環節中，我們也應該做好相關策劃，這樣才能取得事倍功半的效果。

■ 二、問題設定的三大原則

做有獎徵答時，我們要注意遵循以下 3 個原則：

1. 問客戶關心的

到了有獎徵答環節，客戶對產品的情況已經較為了解，但是有幾個客戶關心的重點問題，我們還需要在這個環節進行再次強調。一般來說，客戶較關心產品的價格、優惠政策、品質

和售後等問題。

　　所以我們可以針對幾個方面來設定問題，比如：產品的現場成交價格是多少？說出產品的某個主要功能？產品的名稱是什麼？今天的優惠政策是什麼？

2. 問客戶容易記住的

　　行銷演講活動的目的除了銷售產品，還要宣傳企業或推廣品牌，身為行銷演講者，我們希望來現場聽演講的顧客們能夠記住我們的品牌理念、企業文化和產品資訊。所以，我們可以透過有獎徵答來讓顧客加深印象。

　　比如，我們可以問顧客：企業成立於哪一年？品牌的理念是什麼？企業或品牌旗下還有那些產品？

3. 問客戶的需求

　　前面我們一直在強調了解客戶的需求很重要，所以在這個環節中，我們可以問問客戶對產品的印象、參加活動的感受，或者對產品有哪些疑慮或看法等等。透過這些回答，我們再來進行細分和整合相關意見、喜愛程度，並對產品做出相應的調整和改進。

　　當然，也有一些人不太重視有獎徵答的環節，覺得這個環節的出現，只是為了活躍現場氣氛而已，但我卻非常不贊同這種說法。因為在行銷演講中，這個環節的設定非常重要，它不

僅把活動氣氛引到最高潮，讓我們與客戶之間容易溝通、建立信任感，而且還能透過問答讓客戶了解到我們的產品和企業，從而造成推廣宣傳的作用。

　　總之，透過有獎徵答，聚焦客戶關注、探知客戶真心、了解客戶需求，並根據客戶的需求提供讓其滿意的產品將不再是一件難事。

行銷演講的十大互動技巧

在前面幾節內容中，我們已經學習了行銷演講過程中的幾個互動環節知識，它們都是行銷演講者活躍現場氣氛和引導客戶的關鍵時機。那麼，除了前面學到的幾個互動環節之外，其他時間是否就不需要行銷演講者和聽眾互動呢？

答案肯定是否定的，因為行銷演講者和聽眾互動是整個行銷演講過程中一個十分必要的行為，如果行銷演講者不跟聽眾互動，在臺上自說自話，那麼臺下的聽眾自然缺乏積極性與參與度，就會分散注意力，這樣行銷演講的效果也就不顯著了。

所以，行銷演講者一定保持節奏感地跟聽眾互動，充分運用互動的各種技巧，以此吸引聽眾的注意力，讓聽眾的思路跟上行銷演講者的演說節奏。

在這裡，我透過總結自己以往做行銷演講的經驗，得出了十大互動技巧，將這十大技巧劃分為三類，它們分別是：語言類技巧、道具類技巧和活動類技巧。接下來，就讓我們一起來學習這三大互動技巧。

■ 一、語言類技巧

將語言類技巧進行劃分，又可得出以下 4 種技巧：

1. 提問

提問是一種最簡單最常用的互動方式，它對行銷演講者而言是非常實用的。比如在行銷演講的過程中，行銷演講者只需要問一句簡單的「好不好？」或者「大家對閃婚現象怎麼看？」等等。這時即使聽眾沒有出聲回答你，他們也會在思維上和你互動。具體的提問方法在第七章已經介紹過，這裡我就不再贅述了。

2. 幽默

幽默是行銷演講者和聽眾進行互動時發揮潤滑劑作用，如果行銷演講者天生自帶良好的幽默感，那麼透過幽默的方式和聽眾互動，就能和聽眾打成一片，增加聽眾的好感度。但若是初學者或者天生缺乏幽默細胞的行銷演講者，則不建議輕易使用幽默的方式去和聽眾互動，以免適得其反。

3. 演講者的聲音和肢體語言

其實，聲音和肢體動作也是屬於人的一種語言表達方式，行銷演講者所發出的聲音變化和所做出的肢體動作，都會落入聽眾的眼中，引起聽眾的注意力，這時，聽眾會在思維上或身體層面上和行銷演講者產生一種互動。

比方說行銷演講者的聲音突然下降，聽眾的心也跟著顫抖一下；行銷演講者的手晃動一下，聽眾的眼睛也會跟著晃動一下⋯⋯所以，行銷演講者在行銷演講的過程中，要懂得讓自己

的聲音和肢體動作做出適當的變化，這樣才能和聽眾產生良好的互動。與此同時，行銷演講者還要記住一點，不要讓自己成為一個演講時沒有任何激情的行銷演講者，否則你的行銷演講就會像一潭死水那樣，讓人覺得死氣沉沉。

4. 號召

身為行銷演講者，我們一定要懂得號召聽眾來配合自己做一些動作，一般情況下，只要我們的要求合情合理，並且態度親切友好，聽眾一般都會配合的。

比如行銷演講者想要聽眾鼓掌，就可以說：「大家想欣賞接下來的節目嗎？那就先來點掌聲！」再比如行銷演講者想請聽眾舉手，也可以說：「這個說法，大家認為對的請舉手！」等等。

■ 二、道具類技巧

道具類技巧又可分為以下 2 種：

1. 輔助道具

行銷演講者應當知道如何正確地使用道具去博得聽眾的注意力，進而實現和聽眾互動的目的。

2. 圖片和影片

在行銷演講的過程中，行銷演講者可以播放一些關於行銷演講的圖片或影片，讓行銷演講的形式變得豐富而多樣，使聽

眾從聽覺和視覺上都能得到煥然一新的感覺，進而使行銷演講達到很好的互動效果。

比如在旅遊公司的產品推薦會上，演講者就喜歡邊播放PPT邊演說，這樣不僅聽眾容易理解演說內容，而且還能更好地吸引聽眾的目光。

■ 三、活動類技巧

活動類技巧通常可劃分為以下 4 類：

1. 獎勵

所謂獎勵，就是指行銷演講者在進行行銷演講的過程中，為了讓聽眾參與到演講的氛圍當中來，給聽眾贈送一些小禮品。比如設定提問環節，行銷演講者在該環節中向聽眾問一些類似腦筋急轉彎的問題，聽眾中誰答對誰就上臺領獎等等。

2. 遊戲

每個人都喜歡好玩的或有趣的東西，包括聽眾也是一樣的。所以，行銷演講者可以在行銷演講時，新增一些有趣味的互動遊戲，以此提高聽眾的參與度。

3. 模擬演練

所謂模擬演練，就是指我們的演講是為了傳授一些實用的技能給聽眾，這些包含面試技巧、人際交往、業務談判和辦公

軟體等，這時，為了讓聽眾更容易理解和運用這些技能，我們可以在現場安排聽眾進行模擬練習。

例如我們可以安排臺下的聽眾分組模擬練習，等他們練習得差不多了，就讓其中練習最好的一組上臺來模擬表演一遍。這樣一來，我們的演講就相當於讓聽眾學習了三次：第一次是我們的演講內容，第二次是聽眾在臺下的練習，第三次是聽眾在臺上模擬表演及看他人表演。

可見，這種模擬演練的技巧，非常適用於行銷演講者。只要行銷演講者適當地運用模擬演練這個技巧，便可以為自己和聽眾帶來神奇的互動效果。當然，在這裡我們還是應該要注意一點，就是我們進行行銷演講時，可不能為了互動而互動，而是應該明白自己做互動的初衷和目的，我們所做的一切互動，都只是為達到行銷演講的目標而已。

4. 分組

在某次演講會上，我的演講主題是醫學知識，由於這方面的知識有些過於枯燥無味，當時我為了讓觀眾能夠有效地吸收這些知識，於是我決定這樣做，就是將觀眾分為兩組，在我提出問題的時候，他們當中哪一組回答正確，我就給該組一張紙條，累計到最後，哪一組得到的紙條最多，就給該組贈送一份禮物（一盒巧克力）。

這次的演講很成功，觀眾普遍表示在這樣遊戲式的演講氛

圍，他們非常有效地吸收到了一些醫學知識。

　　通常，分組這類互動形式，都是需要結合遊戲和獎勵同步進行的，只要行銷演講者在臺上適當地引導臺下的聽眾踴躍地參與進來，便可以營造出很好的互動氛圍。因為人人都喜歡玩，也都喜歡有趣的東西，更是渴望被別人認可，而聽眾也是一樣的。

第 9 章
說服系統：
引人入勝，一個故事勝過千言萬語

　　說一篇大道理，不如講一個好故事，好故事的說服力超乎你的想像。所以，行銷演講者必須要學會講故事，在故事中我們可以運用「預期框架法」、「明線」和「暗線」一步步說服客戶購買產品，並透過故事解決反對意見。

一個好故事能賣出多少東西

在開始我們的故事行銷之旅之前，我們可能需要對故事銷售下一個定義，以便於讀者取得共同的立場。在本書中，我們將故事行銷定義為：為了更好促成銷售行為的發生，銷售人員以語言、影音等手法，向顧客講述的故事，達到產品或服務成交的銷售工具。

按照社會學家的觀點：「這是一個不能缺少故事的時代，任何人都在想方設法地透過講故事來讓別人了解自己。」著名心理學家樂維教授（Amir Levine）說：「大多數行銷活動是透過賣方講述故事和買方接收故事來完成的，由於這一事實如此普遍，滲透到這一流程之中，導致所有當事人沒有注意到這一點……或者這樣說，這一事實其實是非常惹人注意的，因此被當事人融入到每一個銷售經驗中……他們買進和賣出各種故事，讓故事成為產品和服務交換的媒介。」

有些行業內人士說道：「假如沒有故事進行包裝，我們生產的很多產品只能自我消化了。」故事既然有這麼大的重要性，那麼它在平時的銷售工作中，能帶來怎樣的價值呢？說得更直白一些，好故事可以幫助我們賣出多少產品呢？產品變得有趣，主要表現在產品價值的提升。一提起「價值」，大多數人會想到一個與之類似的經濟學概念「使用價值」。使用價值是價值的基

礎，這是經濟學中的基本規律，但價值和使用價值並非完全相同，價值除了包括使用價值以外，還包括一些其他的價值，比如受到政治、文化、歷史或情感等因素影響而產生的額外價值。

行銷故事就是為了賦予產品更多的額外價值，以此使產品在使用價值的基礎上增加更多內涵，而正是這些內涵和價值，使得其重要性遠高於使用價值，是區分同類、同質產品的關鍵因素。

這些編織袋的使用價值只是為了裝東西，這也是很多人購買編織袋的根本原因。但有些編織工藝非常好的編織袋，除了具備基本的裝東西價值外，還具有裝飾作用。假如行銷者透過故事包裝這個編織袋（編織袋包含著貧困兒童的夢想和打拚，銷售編織袋是為了幫助貧困兒童實現夢想），消費者在購買編織袋時就不只是為了裝東西了，而是在購買的同時另外再奉獻一份愛心，這就是編織袋的額外價值。這份情感價值拓展了產品的價值內涵，也提升了產品的價格，增加了受歡迎程度。

因此，你可以有充分的理由相信故事會為你的銷售帶來很好的效果。故事的力量很強大，就像是銷售的催化劑，只需一點就可以推動銷售額成長。如今只進行單純的產品推廣，效果已經不太明顯，所以我們應該在銷售過程中盡量利用故事來促銷，別忘了，講故事具有的促銷優勢是非常巨大的。

■ 一、最好的產品宣傳方式

透過介紹產品的功能特色，我們可以記住很多類似產品，但只有講故事才能使我們在品類眾多的產品市場中發現唯一使自己印象深刻的產品。

如今消費者的「口味」越來越刁鑽、挑剔，很少再對某一款產品有非常深刻的印象。所以說，銷售人員一定要做好宣傳推廣，而故事便是最好的宣傳推廣方式。假如銷售人員在介紹產品時語言平淡無奇，無法吸引消費者，消費者的頭腦中可能會一下子湧現出眾多類似產品。如果沒有故事作為烘托，其產品很有可能被其他產品代替。

■ 二、有利於企業、品牌形象的塑造和維持

可口可樂公司在建立品牌形象的過程中，發揮最大作用的就是那個「神祕配方」。「神祕配方」使可口可樂在所有飲料中具有十分獨特的地位，使其市場占有率一直遙遙領先，持續了一百多年。

這個「神祕配方」就包含了一個十分精彩的故事，也正是這個故事決定了可口可樂不可撼動的品牌形象。每一名消費者在飲用可口可樂時，都會在心裡對自己說：「我現在喝的飲料是十分神祕的，世界上再也沒有同類的飲料。」如果某一天可口可樂把配方公布於眾，很有可能會迅速失去大半的市場，銷售額也會大幅縮減。

一個企業到底要透過哪些要素來建立品牌呢？是技術、服務還是品質？很明顯，故事也是這些重要的要素之一，而且在確立和宣傳品牌形象時比其他要素更有效，因為故事讓品牌形象變得更加立體，有內涵。

■ 三、激發消費者共鳴

一個完整的銷售流程，應該首先引起消費者的注意，然後刺激消費者購買的衝動，最後讓消費者對自己的產品產生充分的信任，進而充分認可該品牌。品牌被認可，關鍵在於能否說中消費者的心坎，激發消費者共鳴。

而講故事便可以獲得這樣的效果，它能夠利用親情、友情、愛情、勵志、文化等要素，使產品的價值透過感動人心、激勵鬥志的符號來展現出來，從而激發消費者的情感，消除消費者對產品的心理隔閡，使產品走進消費者心裡。

如果要想將產品價值轉化為用心的情感符號，使消費者感動並喜愛，故事是最好的方式。

■ 四、提升消費者的品牌忠誠度

百年老店為什麼能一直經營到現在，其品牌仍然屹立不倒？它們為什麼可以一直得到消費者的喜愛和支持？最根本的原因並非產品銷售狀況很好，也不是因為價格實惠，而是品牌內涵。

比如，投資家知道花旗銀行是一家非常厲害的老牌銀行，儘管利息不高，也仍然願意把錢放在這裡。

這正是品牌忠誠度的展現。要想提升消費者的品牌忠誠度，關鍵在於賦予品牌一個深刻的故事，故事的內容可以是歷史、文化，也可以是人們的日常生活中的一些趣事。這樣一來，當消費者注意到這些因素時，就能在內心裡做出適合自己的選擇。

比如，一個年滿三十歲的人，他可能也會像 5 歲的孩子一樣熱衷於在迪士尼樂園遊玩。為什麼？因為迪士尼的故事早已家喻戶曉、深入人心，這便是品牌故事所帶來的影響力。這也使得好故事可以造成提升品牌忠誠度，讓消費者對品牌念念不忘的效果，而這也是百年品牌一直能夠良性發展的訣竅。

正是因為故事有這麼多的優勢，才能為銷售提供諸多便利。品牌故事其實是企業的無形資產，也是企業與消費者進行溝通和交流的重要方式。由於品牌故事的出現，相關產品的吸引力變得非常大，而該企業的所有產品也因此獲益，變得更有靈魂，從而吸引越來越多的消費者，占領更大的市場份額。

因此，很多企業覺得銷售產品其實就是銷售故事。一個擅長講故事的人，會更方便將自己的產品或服務銷售給消費者。

很多人可能還不明白故事為什麼能夠促銷，為什麼它是一個非常重要的賣點？接下來我就為大家介紹一下，銷售故事到

底是在銷售什麼？為什麼故事能有這麼大的魔力，可以增加產品的價值，使其更受歡迎？

簡而言之，如果單純地銷售產品，只是出售其使用價值，比如技術和功能等。就好比一個扳手主要賣的是它的工具性，可以為人提供便利；一個蛋糕賣的是滿足食慾與味覺的功能；一串鞭炮賣的是熱鬧、喜慶的響聲；一輛車賣的是方便快捷。

那麼，故事所承載的賣點是什麼呢？除了表現產品的基礎價值之外，還有什麼特點呢？

1. 心理感受

故事透過滲透進產品場景，渲染了產品的情感色彩，從而使消費者對產品或品牌產生深刻的心理感受。

2. 價值觀

透過故事展現出來的價值觀，改變消費者的態度，促使消費者快速做出購買決策。

3. 說服力

故事可以開啟消費者的心門，獲取信任，使其心甘情願地購買產品。

4. 口碑

不同的品牌，獲得的關注是不同的。有的品牌會讓消費者印象深刻，而有的品牌則被消費者遺忘，根本區別在於宣傳力

度和效果不同。一個品牌如果有一個很好的故事，能夠使消費
者對其產生更加深刻而立體的印象，促進口碑傳播。

5. 時間穿透力

　　每一個企業都希望自己的品牌能夠一直獲得關注，逐漸擴
大客戶群體，使老客戶越來越多。講好品牌故事正是實現這一
目的，提升市場知名度、信譽度和客戶忠誠度的有效方法。

　　現在人們的消費能力逐步更新，消費觀念也有了巨大轉
變，早已不再被動接受推銷行為，而是喜愛更具個性和內涵的
銷售方式。

　　因此，無論你在介紹產品時說得如何天花亂墜，消費者也
有可能無動於衷。因為現在早已過了產品推銷時代，而是步入
了故事行銷時代，只有講好故事，才能獲得消費者的青睞。

　　那麼，從現在開始，為你的品牌開啟故事之旅吧。

從自己的故事開始練習講故事

當我們要編造一個故事時，首先要有一個靈感激烈、有強烈感覺的原點。那麼，故事的原點是怎麼發生的呢？這裡可以說是各施各法了。大多數專業的講故事者都會想方設法去尋找故事的原點，然後再根據自己的想法把「原點」編造成一個完整的好故事。

何謂好故事？簡單來說就是那種創意十足，同時又讓人心中一亮的故事。

有些畫家、小說家和電影導演等藝術工作者，他們可能會為了捕捉一個人物、呈現一個畫面以及一個主題等等，由此展開延伸，逐步編造出一個故事，這種從最初簡單的靈感逐漸發展成偉大故事的事例，不勝列舉。

比如那些具有教育性或遊說性的故事，它們都是圍繞一個主題，然後再新增各種與之相關的元素，直至整個結構看起來更加完整，更吸引人。毫不誇張地說，故事的原點就像一顆剛剛破土而出的種子，故事最終變好還是變壞，取決於「這顆種子」的力量有多強大，它所扎根的土壤是否足夠肥沃，周圍的氣候是否符合它的生長等等換言之，也就是說該故事的原點在我們的內心有多強烈，與它相關的主題和素材有沒有足夠的發展空間，以及我們講故事時能不能講得很有新意等等。

　　這時，有誰會對這個故事最為關心、最為熟悉和聯想最多呢？當然是我們自己了。所以，當我們練習講故事的時候，不妨先從自己的故事開始講起，因為這是我們最為熟悉的，也是最有把握的一種方法。

　　就像有很多功成名就的作家或劇作家，他們的創作題材多半來源於自己日常累積的經驗，他們締造出來的作品，或多或少都帶有一些自傳的色彩，所謂「藝術來源於生活，又高於生活」，就是這個道理。

　　所以，我們可以把自己當成參照物，因為自己這個參照物擁有屬於自己的人事變遷和內心變化，而這些真正屬於自己的悲歡離合會更具有信服力。

　　除此之外，練習講自己的故事，還能帶來諸多的好處，因為我們在日常生活所思考的東西大多數都是零碎散亂的，並且毫無目的性的，但練習講自己的故事，能夠幫助我們梳理自己的人生經歷，從而讓我們更加了解自己。

　　何況，在如今這個社會裡，隨著有效社交所帶來的價值展現，我們需要更多的機會去表達自己，同時也讓別人了解和看到我們的能力。而準備好講自己的故事，也就意味著我們已經具備了與外界進行溝通與交流的條件。

　　如果我們把「我」作為故事的題材，那麼，我們該如何向聽眾、向顧客講起這個「我的故事」呢？

■ 一、剖析「我」」，了解「我」，才能講出「我」

在講出我之前，我們先要進行自我剖析「我」是什麼？然後再進行介紹，介紹自己的方式有很多種，但最好是根據不同的場合採用不同的介紹方式。這樣才能達到透過介紹自己來讓別人對我們產生好印象的目的。

一般情況下，當我們跟別人介紹自己時，會講一些自己的過往經歷、生活感悟、興趣愛好等方面的話題，除此之外，還會講一些自己的基本資訊，包括年齡、工作和家庭等，這種是常規的自我介紹，而我們要想把「我」當成一個故事來講，那麼要求就相對要高一些了。

當然，在講故事之前，我們需要了解故事的意義是什麼？所謂故事的意義就是將零碎片段的事件與人物情感的變化串聯在一起，進而設計出一種特殊的因果關係，將之呈現在聽眾眼前。

這就說明，當我們在講述故事時，我們會不斷地進行思考、想像和設計，直到創作完成的那一刻。但需要注意的是，雖然這個故事是依照我們所知道的事實設計編造的，但我們卻不可能了解事物的全部真相。

這種情況下，我們若還採取常規的方式去做自我介紹，顯然太過於平淡，不足以給人留下深刻的印象。那麼，我們該從哪些方面去理解「我」呢？

了解「我的背景」，包括家庭、工作、出身和學校等等。

了解「我擁有什麼」，包括學識、人際交往、才能和榮譽等等。

了解「我經歷過什麼」，包括感情、旅行、健身和戶外活動等等。

了解「我腦袋裡想什麼」，包括有什麼願望、追求過什麼和奮鬥過什麼等等。

儘管想要完整地說出對這四個方面的了解，不是一件輕而易舉的事，但我們還是要問一下自己：我真的就能掌握「我」嗎？顯然時機還不太成熟。

就像我們很難向他人介紹完完整整的「國家」一樣，事實上，我們也沒有足夠的能力完完整整地講述「我自己」。畢竟我們理解自己的能力總會受到周圍環境的影響和限制，而在我們所能理解的這些零碎、含糊不清、不確定的事物中，又必須盡量去梳理出這些事物的因果循環關係，並且要盡可能地去理解它。

所以當我們講述自己的故事時，採用這種因果關係或象徵性的手法，會更容易讓他人或自己去理解自己。

我以前認識一個有趣的教中文系的老師，有一段時間我們常常碰面，她非常喜歡講自己。可她每次講的故事都不同，第一次，她說自己曾經是哲學老師；第二次，她說自己曾經是一

個學校的教務主任；第三次，她說自己曾經是一個學校的校長。

這位老師其實有點自欺欺人，她除了想要獲得別人的尊重外，最大的問題就是她對自己的認識不準確和不確定。

任何一種經歷都可以成為一個故事。假設我們在一個空曠的房間裡，四周沒有人，也沒有明確的目標，而這個房間就是我們想要結交的人，然後我們告訴它自己是一個什麼樣的人，從某個原點展開，去練習怎樣介紹自己。

有一次，我在課堂上出了一個這樣的考試題目給我的學員：「講一個我的故事，並且解釋怎樣運用學過的講故事的技巧。」當時就有一部分學員反映，說：「我只是一個平凡無奇的學生，沒有什麼好講的啊！」結果還好，起碼他們都能完整地把故事講出來了，而且還蠻精彩的。

通常，我會使用逐步政策，一步一步去引導學員：

每個人對不一樣的事物有不一樣的感覺，比如有些人被人當眾嘲諷了也會一笑置之，但另外一些人卻會耿耿於懷。

可見，對不一樣的事物有不一樣的反應和感覺，這就能表現出不一樣的人格特質。我們每個人時時刻刻都處在變化和發展之中，那些深刻的感覺是否會帶給我們深刻的改變？是否會演變為人生轉折？這些感覺和轉折又能不能用「六種人格發展原型」去講述？假設我們有過深刻的經歷，正好這些經歷讓我們的人生發生轉折，那麼基本上就可以成為一個故事了。

　　我有一些學員，他們就會將朋友、家人或老師等放進自己的故事，講述他們的所作所為如何影響自己，然後編造出一個「我的故事」，這樣呈現出來的效果也是非常精彩的。

■ 二、要對「講故事」產生激情

　　學習完關於自我的剖析，想必大家也有感覺到，其實創作故事並沒有想像中的那麼難，而是好玩又有趣。只要我們懂得先抓住一個原點，經過設計整理，再運用一些技巧，就可以創作出一個有起承轉合的故事了。

　　其實，整理創作自己的故事就相當於把平時生活中那些零碎散亂和含糊不清的事情，重新串聯在一起。在這個過程中，我們會不斷地發現自己生活中有趣的一面，也會重新獲取不一樣的心態，對自己的看法也會跟以往不同。

　　講述自己是一件非常奇妙而美好的事情，我們怎樣講述自己的過去，就意味著怎樣看待自己的現在，怎樣展望自己的將來。在講述自己的時候，避免不了要觸碰一些自己有意逃避的心事，也會讓自己記起一些早已淡忘的細節，甚至還會重新點燃自己往日那些或溫馨歡喜或傷感尷尬的情緒而這時，要是我們能用心把這些情節融入到故事當中，以故事的形式展現出來，那麼這個創作的「我」，就又會重新與自己友好共處了。

當我們創作「我的故事」的時候，我們應該要確定一個充滿正能量的主題，這樣才能讓自己投入到一種積極樂觀的敘述當中。

確定了主題，就意味著我們是非常了解這個故事的意義和目的的。這樣我們創作故事時才能做到收放自如，不偏不倚，才能清楚明瞭地判斷一些對白或情節是否有必要，以及故事的飽滿度是否恰如其分。

這裡需要我們注意一點，就是不要過於死板地執行主題而排斥非主題的敘述，因為這樣做，會扼殺故事的生命力，導致最後只剩下乾巴巴的說理內容。因此，我們敘述故事要懂得把握好尺度，要靈活運用一些技巧，這樣才能敘述出一個充滿生命力的故事。

由此可知，一個充滿生命力的故事，才能讓聽眾在聽得過程中獲取到更深刻的感覺和體會。所謂「一千個讀者，就有一千個哈姆雷特」，聽眾聽到的雖是同一個故事，但不同的人，就會有不同的理解和想像。有時候，精彩絕倫的人生故事，甚至不用點明主題，也能讓聽眾聽得熱淚盈眶，影響深遠，因為這樣的「故事」能夠帶給聽眾一種更高層次的感悟，使聽眾受益良多。

■ 三、最後對你的故事進行編排和潤飾

我們要是以講故事初級者的態度嘗試著去講自己的故事，可以從基本的技巧上著手。大多數人的生活都不是那麼富有戲劇性的，在這樣的情況下，我們可以在寫好故事大綱之後，再確定主題。

但是在構思設計故事的過程中，如果發現自己不喜歡這個原本確定的主題了，也是可以隨時改動主題的。因為確定一個故事的主題，不是一個非要執行的定律，而是一個自定義範圍，只有這麼做才能讓我們把故事敘述得更好。

那麼，我們講自己的故事應該進行怎樣的編排和潤飾呢？

眾所周知，故事，就是說給別人聽的。如果想要聽眾在聽我們敘述故事的時候始終投入，那麼我們應該從以下 4 個要點入手：

1. 語言生不生動

自己的故事不一定需要華麗的辭藻，而是需要一些簡潔用力、通俗易懂的語言。

2. 是否掌握角色和事件的內在矛盾與衝突

矛盾和衝突怎麼形成、演變、發展和消除，這過程本身就是故事的「骨架」，也是我們平時理解萬事萬物的習慣。

3. 能不能製造懸念

比如一些成功的電影或小說，都是事先製造懸念來勾起觀眾或讀者的好奇心，促使他們渴望知道結局如何。特別是懸疑小說的手法更甚，它通常會先展現一個令人遐想的狀況，接著逐漸把那種讓人感到意料之外，卻又覺得情理之中的結局鋪陳出來。或者它先給出一個令人驚呆的結局，再用奇妙的因果關係重新將故事層層呈現出來。

當然，我們自己的小故事不會這麼離奇，但是，我們要是將個人經歷的因果關係倒置敘述，那麼也有可能會造成出乎意料之外的效果。

4. 可不可以新增點幽默感

幽默感是一種消除矛盾和衝突的潤滑劑，一般來說，自侃或自嘲的故事自帶著一種吸引力，因為這種方式能夠讓人降低心理壓力，又能夠帶來歡樂的感覺。

現在，我們已經完成學習講故事這個重要的課程了，相信大家在今後的工作和生活中，關於講自己故事的能力、對故事的理解力以及對好故事的鑑賞力等方面，都會有很大的成長。

如何增加故事說服力

在銷售過程中，故事是一項十分重要的內容，但並不是什麼樣的故事都能夠使銷量提升。現在會講故事的人多如牛毛，但講出好故事的人並不多。有些人講出來的故事，能夠快速吸引顧客的注意力，使顧客心甘情願地購買產品或服務；有些人講出的故事，卻讓顧客頻頻搖頭，甚至使顧客感到無聊，提不起精神；也有些人講的故事過於普通，顧客很早就猜到了結尾，再也沒有興致聽下去。

銷售講出來的故事，一定要引起轉變 —— 轉變消費者的固有觀念，改變消費者的牴觸心理，促使他們產生購買欲望並付諸行動。我們只要講好故事，便可以轉變潛在消費者的想法和態度，說服他們購買產品或服務。

那麼，我們應該怎麼做，才能使故事具備超強的說服力呢？

從 20 歲那年起，我就開始研究和學習國內外成功人士和頂尖專家的成功經驗，我從他們的人生故事中學到了很多。我甚至有幸認識了其中幾位大師，得到了他們的一對一指導。到目前為止，我已經在各地舉辦過一千多場演講活動，為多達數十萬的現場聽眾講述一個個深入人心的故事。

在我的演講會上，聽眾透過我的故事獲得了巨大的啟發，他們在心靈的震撼中產生了頓悟，在感動的淚水中獲得了改變的力量。看到這裡，一定有人會問，我的故事為什麼具有如此強大的說服力呢？

接下來，我就把使故事具有說服力的方法全部告訴你們，希望能對你們有所幫助，使你們的故事也能夠快速打動顧客的心。

有說服力的好故事，一定具備以下四大要點：

■ 一、吸引力

如果一個故事毫無吸引力，說得再多也無用，只能浪費聽眾和自己的時間。我們在講述銷售故事時，一定要先賦予其吸引力，使其能夠吸引顧客。我們可以按照以下方法來提升故事的吸引力。

1. 讓故事有創意

要想講出一個好故事並不那麼容易，需要掌握一定的技巧，而且要與產品的價值相一致。不過，銷售故事一定要有創意，這是最重要的一點。

一個好故事，其內容不一定是十分精彩的，但一定是十分有創意的，要能讓人感受到新意，認為這是一個前所未有的新故事。這是為了使顧客立刻對產品或服務產生興趣，從而使產

品或服務的魅力值得到飆升。

那麼，故事的創意具體表現在什麼地方呢？也就是說，故事要具備什麼樣的內容才能算是有創意的，可以使顧客產生興趣呢？我們一起來看看下面的案例：

《功夫熊貓》（*Kung Fu Panda*）這部電影的故事內容時富有創意，趣味橫生，而且塑造了一個前所未有的大貓熊形象，徹底轉變了人們對大貓熊的固有印象，所以，觀眾才會如此喜愛這部電影。

在進行行銷演講時，我們可以講述一些獨特的故事來為產品營造氛圍，使產品的特性更加清楚，快速吸引消費者的關注。而這種關注對於在消費者心中確立產品形象有很重要的作用。

創意之所以能帶來關注和吸引，是因為它不僅可以帶來巨大的反差，還會打破常規。創意的表現形式包括以下幾個方面。

2. 追求獨特性

如果一個故事太老套，大家已經聽過無數遍，那麼，即使它的情節再曲折也沒有用，因為千篇一律的故事讓人感到乏味。具有獨特性的故事，才有吸引力。通常情況下，服裝品牌會力邀大牌明星代言，店內的工作人員也會向顧客大談特談與此相關的明星故事，希望能藉此提升銷量。

然而，有一家服裝公司不走尋常路，居然把褲子套在一頭

牛身上,然後拍照宣傳。公司的員工在推銷時總是拿出「穿褲子的牛」的照片,向顧客強調自己的產品品質是有保障的。

3. 打破慣性思維

在聽了過多的故事以後,聽眾會對很多故事模式如數家珍,熟悉得不能再熟悉,一聽到開頭就能知道故事的結局。這種故事就不會對聽眾產生太多的吸引力,因為聽眾已經產生審美疲勞,因此他們也不會再對與此相關的產品提起半點興趣。所以,這類沒有新意的故事很有可能對銷售造成阻礙。

如果銷售人員在講述故事時,能打破慣性思維,用一種全新的方式來講述。用新奇而充滿創意的故事顛覆觀眾的想像,讓他們對產品產生興趣。

4. 在故事中設定衝突

故事之所以吸引人,就在於其對人們情感和心理的影響,如果故事內容沒有任何起伏,波瀾不驚,恰如一潭死水,那麼聽眾的心裡自然也不會有什麼觸動,故事的精彩程度就會損失大半,吸引力也會蕩然無存。就如同小說和電影,情節的此起彼伏往往需要衝突來推進。在故事中,衝突必不可少。

因此,製造衝突就在講故事的過程中變得非常重要。要記住,一個故事如果沒有衝突,那它就不是一個優秀的故事,最起碼無法吸引聽眾繼續聽下去。

　　轉折和問題製造出的衝突讓故事變得趣味十足，同時也滿足了消費者對美好生活的追求。我們在可以故事中設定衝突，然後透過產品圓滿地解決它，讓消費者對產品產生好感和興趣。

■ 二、在故事中將產品轉化成顧客的需求

　　一個優秀的銷售人員，就應該具備這樣的專業素養，不只是按照市場情況來銷售產品，還可以為消費者創造潛在需求，以使其萌生購買產品的想法。

　　很多時候，顧客的消費欲望和購買行為具有隨意性和盲目性，銷售人員應該善於利用顧客的這種心理特點。因此，銷售人員在平時要養成察言觀色的習慣，在工作中洞察消費者的購買心理，找到其真正的購買需求。然後，再透過正確的溝通語言將自己的產品與顧客需求相關，促使本不想購買產品的顧客積極主動地購買產品。

　　要做到這一點，就不能只單純地介紹和推薦產品，而是要講述一個精彩而有趣的故事，把產品需求融入進去，這樣才能讓顧客意識到自身被忽視的需求，進而自發地關注產品。

■ 三、用願景故事說服顧客

　　商家或銷售人員在介紹自己的品牌和產品時，一般都會簡單說明今後的商業目標和發展願景。其實，商家或銷售人員向

顧客講述自己的願景時，就是在向對方介紹自己，告訴對方「我是誰」。

任何一位成功的企業家或銷售人員都會向客戶講述願景故事，我也是如此。無論是在早年參加銷售工作時，還是在如今的課堂上，我都會與自己的聽眾分享願景故事。我這樣做，不是為了顯擺自己，更不只是為了獲得更多的自信或者建立更好的形象，而是讓客戶感受到我的成長過程，對我的演講產生參與感。

在我的故事感召下，客戶的情緒會被激發起來，他們會覺得，自己是在支持一家有夢想，有良好的發展前景的公司。而且，願景故事是可以十分有效地維護老客戶的忠誠度。只要我們所講的故事願景與客戶的需求相一致，並與產品關聯很大時，他們才會更關注產品，並對產品萌生更多好感，將滿足自身需求的希望寄託在它身上。

■ 四、呼籲行動

消費者心動，才會行動，但如果只有心動，也可能沒有行動。當我們知道消費者已經心動時，就要想辦法讓他們立即行動起來，不要有任何拖延。當我們同意消費者「下次再買」時，就已經失去了一位潛在顧客。

有些銷售人員還沒有意思到呼籲行動的重要性，也害怕過

於直白的推銷會讓消費者產生牴觸心理。其實，大可不必有這樣的擔心，我們只要記住，自己是一個銷售人員，讓消費者購買產品是我們的職責。

我們可以透過以下兩種方法讓消費者馬上行動：

⑴確切說明具體如何做，使消費者清楚地知道下一步該做什麼。不要以為消費者可以自主地找到購買路徑，其實消費者是非常懶惰的。有時候我們不把購買的流程說清楚，消費者就不會主動去購買。

⑵讓消費者產生「機不可失，失不再來」的緊迫感。所謂「過了這個村，就沒這個店」。進行限時特價，限量購買活動，促使消費者即刻購買。

大致來說，銷售故事要想具備超強的說服力，總會經歷這四個過程。當然，場景不同，表現形式可能也會不同。有的時候故事講述得直接一點比較好，而有的時候就需要鋪平墊穩，慢慢向消費者滲透。比如，有的銷售人員在講述故事時比較含蓄，沒有呼籲消費者立刻購買，而是在故事中不斷增加產品的內涵，提升其價值。儘管沒有直接賣出產品，但也會對消費者日後的購買決策產生很大的影響，以後遇到同類情況時，消費者也會選擇該品牌。

如何透過故事設置預期框架

在本節的開頭，先來做一個腦筋急轉彎：

有一位聾啞人到五金店想買釘子，他先伸出左手兩根手指，然後右手握拳做出擊打的動作。服務員見狀拿出錘子，他搖搖頭，並晃動著左手的兩根手指。服務員心領會神，再次拿出釘子，聾啞人點點頭表示很滿意。

恰好，這個時候門口進來一位盲人，盲人需要買一把剪刀，請問：他該怎麼表述才能買到剪刀？

看到這裡，我相信一定會有人說：「伸出兩根手指，模仿一下剪刀的動作唄！」

這個答案不能說錯，因為我有時候也是這樣表述剪刀的。但是，這個答案卻並不是最好的答案，因為盲人只是眼睛看不見，卻是可以開口說話的。

為什麼第一時間想到的不是這個？那是因為大家在聽故事的時候心裡有一種慣性思維，這種思維還停留在之前聾啞人的動作中，很順理成章地想到後面的盲人也一樣會用動作表述自己的意願。

這就是慣性思維容易預先框定一個人的想法。在這個時代，人在接受業務員推銷之前，都會從心底產生一種「抗拒購

227

買」的慣性思維，認為只要是主動推銷的一定要拒絕，這種「抗拒」就是顧客對於銷售人員產生的一種思維慣性。

銷售人員也可以反過來利用這種慣性思維。我們在顧客提出要求之前，為顧客確定好結果，讓顧客按照我們設定的結果選擇，而我們只需要對顧客的選擇加以讚賞和認同。用通俗的語言說，這叫「挖洞」。當然，挖洞是一個負面詞彙，很難聽。內行話叫「預期框架」！

用在銷售上面，怎麼做這種「預期框架」呢？鑑於客戶頭腦中對推銷已經產生的抗拒，我們需要先設定一個有利我們和客戶溝通的方法，先對潛在客戶進行認同和讚賞，引導客戶從心理認跟我們說的每一句話，並且跟我們的思路保持一致，接受我們說的理論、觀點。

比如：年輕人對保健品有一種固有的偏見，認為保健品都是騙人的。如果我是賣保健品的業務員，我會在話術中加入專業詞彙，比如「核酸」、「營養」等字眼，先不提保健品。專業的詞彙會引起人的注意力和好奇心，我們可以利用科普的由頭來和顧客交流，避免讓顧客產生拒絕我們的理由。

預期框架法的目的就是先透過設定解除顧客內心的抗拒心理，開啟顧客的心扉，讓他願意來聽你介紹你的產品。預期框架法可以用在很多的銷售場合，靈活運用，是促進銷售人員和顧客的交流和成交的重要技巧。如果對這種技巧進行細分，大致可以分為以下步驟：

■ 一、第一步：對客戶身分或地位進行積極的預期框架

既然是預期框架法，那麼很多資訊都是可以提前預設的。首先，我們對顧客的身分進行框架，比如預期框架的客戶是一位成功人士或者是有領導權的人，在我們傳遞這種預設訊息給客戶的時候，就等於是在對顧客傳遞這樣的信念：成功人士或者領導是不屑於一些小挑戰、小困難的。

比如這樣的話術：「在這方面您一向都是敢為他人先的，所以您是不會像其他人那樣故步自封、裹足不前的……」「您是採購負責人，看看我們的成交額在您面前完全是小巫見大巫。你做決定我們都不敢提意見，提的不好就是阻礙您的英明決定……」

在這一步驟時，我通常採取的故事行銷技巧是依據客戶性格講故事。

這個世界上沒有完全相同的兩個人，對待不同的顧客，要使用針對性的語言，這就是俗話說的「看人下菜」。對多宏觀思考的人講框架、對多微觀思考的人講細節；對理性的人講事實，對感性的人講感受；對多慮的人講後果，對衝動的人講好處。只要我們講話的針對性正確了，談話的預期效果會完全不一樣。所以，我們要學會對不同類型的客戶講不同的故事。

1. 完美型客戶講真實的故事

一個完美型的客戶其本身就是一個思想家，這種人對待事情嚴肅認真，他們崇尚美感和才智，做事情都有計畫有條理，不管是生活還是工作，都提前做好了最佳的安排。完美型客戶在思考問題的生活都很周到，他們喜歡預設所有問題，害怕冒險，除非你能解決他所有的疑慮，否則很難取信於他。

這樣的客戶當然很難搞定，如果我們遇到這樣的客戶，要取得他們的信任，是需要刻苦突破瓶頸的。和這樣的人相處，我們要做提前準備，最好是有準確的數據和事實，在事實面前，他才會相信我們所說的話是有根據的。只有打消了完美型客戶心中所有的疑慮，他才會放心和我們成交。

我們在做行銷演講時，難免會遇到完美型的客戶。遇到這樣的客戶，一定要盡可能地準備好詳盡的數據和事實依據，要讓他們相信，和我們合作才是最正確的選擇。

2. 對力量型客戶講以結果為導向的故事

力量型的人的個性永遠充滿活力、充滿理想，他們喜歡勇攀高峰。這種性格的人怕選擇、怕麻煩，他們喜歡快速做決定、然後快速看結果。面對力量型客戶，我們要採取的應對方式是：要讓他們看到清楚可行的步驟和具體可預估的結果，不要讓他們感覺到麻煩。

力量型的人大多是企業的中階主管，他們的召集能力和決

策能力都很強，有主見，意志堅定，不易說服；行動迅速，且帶著很強的目的性，他們強調自己是「沒錯先生」，就算偶爾失誤也不會認錯，具有武斷、固執和自負的顯著特點。

大部分力量型性格的人喜歡以結果為導向，拒絕拖泥帶水，討厭麻煩。和這種客戶打交道，最好是在最短的時間讓對方明白我們能為他帶來什麼益處。比如，我們的服務能降低成本、提升利潤、避免浪費等等。如果我們不明確告訴對方產品的益處，很可能會遭到拒絕。

應對這種力量型客戶，行銷演講人員應該做到下面幾點：

🗣 衣著打扮要專業而正式

有精神，身姿挺拔，正視對方；不要和對方過多地閒聊與工作無關的事情；多使用肯定的語氣，顯示自己的自信，對方不喜歡模稜兩可的態度；準備充分，咬字清晰洪亮，語速快而不猶豫。

🗣 闡述事情要專業，但是不要過分挑戰對方的權威

語句明確、清晰和簡短，談話有重點，有計畫，有邏輯；提供備案的時候要徵求意見，不要指手畫腳。

3. 對活潑型客戶講美好的故事

性格活潑的人都喜歡豐富多彩的生活，喜歡接觸那些他們覺得有趣的人或事。要讓活潑型的人成為我們的「狂熱粉絲」，

就要讓對方感到開心、有趣；或者是趁他們心情好的時候再談合作。千萬不要在他們有情緒的時候去煩他們，否則你會碰一鼻子灰。

對於活潑型客戶，我們在講故事時需要注意以下幾點：

神態輕鬆，步調輕快；保持熱情和微小，顯示出自己的活力，不要帶著壓抑的心理；大膽地提出自己的觀點，可以表露自己的創意；對對方的觀點要表示支持，給予積極支持的態度和表現的機會；聽他們高談論闊，天馬行空，但是自己的話題不要離題太遠；說話坦誠、直率；重要的事情最好以書面方式進行確認。

■ 二、第二步：透過故事讓客戶產生憧憬

如果我們能透過故事讓客戶對產品產生了憧憬，那麼我們的行銷演講就等於已經成功了一半了。身為一名行銷演講人員，在對產品進行介紹的說話，一定要學會運用故事行銷，讓顧客自行腦補購買使用產品之後的滿意舒適的畫面，這才是講故事的境界。

如何讓客戶在腦海產生這樣的想像呢？假如我們要銷售的是一張辦公桌，則可以把故事這樣講：「我的辦公室也有一張一模一樣的辦公桌，我喜歡坐在它的後面辦公。我看好的是它穩重的顏色，就如同你的性格一樣穩重不失大氣，當有客戶拜訪

我的時候，它會讓客戶對我有好的印象。對了，您看這張辦公桌擺在您辦公室的哪一個位置較為合適？」

如果客戶指出了位置，這代表成功銷售的時刻到來了，這一單業務已經成功。

■ 三、第三步：對客戶的購買決策進行積極的預期框架

當前兩個步驟順利完成後，客戶就會接受行銷演講人員賦予自己的「預期框架」，並照這個「預期框架」來幫自己定位。譬如，他們會真的認為自己就是一名成功人士，自己具有成功人士的特質，有權利、有能力。從心底來講，既然自己已經是成功人士了，那麼一定也可以做出正確的決策。

當客戶樹立了這樣的信念以後，行銷演講人員要做的，就是對客戶的購買決策進行積極的預期框架。這一步會再次增加客戶對購買決策的自信心，從心底認為「我現在決定購買這個產品，是一個十分明智的決定」。

走到這一步，行銷演講人員就要注意態度了，我們的行為表情一定要自信和堅定，要幫助客戶堅定購買的信念。例如：「與我們這樣有實力的大公司合作，非常符合您的身分和地位。」「我們公司的產品，無論是品質還是價格，都能滿足你對高品質的需求。」

透過故事來進行接連不斷的預期框架法的時候，不僅要注

意言語上的靈活和巧妙，還要注意語氣神態的配合，你的堅定和自信，不光是強化了客戶對自己的自信，同時也強化了對產品的自信，打消了客戶的疑慮。

「預期框架法」的使用一定要靈活，要從客戶的性格和心理特點出發，結合實際情況做積極的引導，千萬不要脫離實際，照搬理論。

運用「預期框架法」時，還要注意循序漸進，做到逐層累積，逐層鋪陳，環環相扣。記住，每一環都要為你後面的環節打好基礎，這樣才能實現最終的成交目標。

運用明線與暗線提高故事吸引力

我們在講故事銷售時，通常採用兩種方式：一種是「明線」的，譬如直接講一個產品故事，另一種是「暗線」的，透過觀察客戶的心理，有針對性的講故事，引導客戶的購買需求。這種透過明線和暗線「鋪陳」的故事行銷方法，對於說服客戶下單非常有效。

其實講故事銷售是需要我們運用一些智慧的，我們只有掌握顧客的心理，才能夠做到有針對性地講故事、做銷售。

在打算講故事之前，我們首先應該要思考，顧客有什麼樣的心理，他們想從該故事中獲取什麼樣的資訊，採用這種明線暗線鋪陳的方法，充分地迎合顧客的心理，最終順利地把產品賣出去。

實際上，顧客買產品的過程就是一種心理滿足的過程：購買欲望→滿足多少→決定購買→得到滿足→使用後是否滿意。所以，身為業務員，我們應該懂得如何去抓住顧客的心理，然後透過明線暗線鋪陳的方法，進一步用故事包裝產品，這樣才可以把故事講進顧客的心理。

接下來，我就跟大家講述下如何採用明線和暗線鋪陳的方法來講故事給顧客。

■ 一、抓住顧客的弱點講故事

所謂「欲成天下之大事，須奪天下之人心」，就是說我們要想做好某件事情，就必須先得到人心，而得到人心的關鍵就是抓住對方的弱點。可謂「人無完人」，每個人都有自己的弱點，顧客也是一樣的。

所以，身為業務員，我們要善於捕捉顧客的弱點講故事，也只有靈活地利用顧客的弱點，才能獲得主動權，才能征服顧客。

在如今競爭特別激烈的社會裡，我們要想賣出自己的產品，就必須在講故事給顧客之前，找到顧客的弱點，然後依照顧客的弱點來講故事。那接下來，我們應該怎麼做才能在找顧客弱點的同時還能結合弱點講故事呢？

下面我便給大家講述一下找到顧客的弱點並結合弱點講故事的兩個技巧：

1. 溝通觀察獲取顧客資訊

藉助溝通和觀察的方式來獲取顧客的個人資料，也就是說，我們可以與顧客進行溝通交流，從而了解顧客的資料，也可以透過觀察顧客的行為或說話方式，進一步掌握顧客的心理資訊。

2. 透過剖析找到顧客弱點

靈活剖析顧客，順利找到弱點，這就是說，我們在分析研究顧客的時候，要挖掘出顧客最想獲取到的好處和他的弱點。

■ 二、透過故事暗示客戶產品很好

所謂暗示性的語言，就是一種能夠幫助我們說出自己無法張口的請求或想法的語言，它能夠在無形之中讓傾聽者接受。我們在講銷售故事的時候，也要靈活地運用暗示性的語言，也就是說我們在了解顧客需求的基礎上，經過認真分析後，給予顧客一種善意的提醒。

那在我們講故事的實際過程中，應當如何透過暗示性的語言來實現自己成交的目標呢？以下 3 個方法將會對我們幫助到我們：

1. 講產品故事的時候，需要加強語氣

當我們向顧客講銷售故事的時候，特別是涉及到一些產品品質方面的內容，我們的態度一定要堅決，同時要加強語氣，這樣暗示才會造成好的效果。

2. 講帶有威脅式暗示的故事

這種威脅式暗示的方式，保險業務員比較常用，如果遇到對人身健康安全比較重視的顧客，業務員一般都喜歡說「之前有

個人因為沒有及時購買此類保險，結果突發事故也沒有相應的理賠」這樣的故事。

　　這樣就可以營造這樣的恐慌心理給顧客：如果我不及時購買保險，我將來會不會因小失大？

3. 利用描述式講故事暗示

　　這裡所說的描述式，就是指我們在講故事的時候使用積極正面的語言，這樣講出來才是一個充滿正能量的故事，從而暗示顧客意識到我們產品的可靠性，讓他們覺得用了我們產品之後就能精神抖擻，充滿活力。

　　總之，在故事中運用明線和暗線鋪陳說服顧客購買，在掌握以上兩個方法的同時，我們還必須在實踐中融會貫通，靈活運用。只有把握住暗示的分寸和尺度，才能達到自己想要的效果。

在故事中化解反對意見

在銷售或者行銷演講的過程裡，被顧客拒絕和質疑是我們的常態，尤其是當你在想顧客講故事的時候，可能因為故事本身的嚴謹性，經常難以自圓其說。當這種情況出現，我們應該怎麼辦？

故事被客戶反對和質疑，有下列兩種情況，我將告訴你為什麼會出現這種情況以及解決這些問題的方法。

一、情況1：還沒有和顧客建立和諧關係，就急著向顧客講述故事。

首先我們要明白，不管做什麼類型的銷售，都要關心顧客。每個顧客都有各自的需求，我們應該尊重並了解我們的顧客，才能為他講述一個準確的故事。如果我們不了解自己的顧客，不經過觀察就急著開始，不僅對銷售無益，反而是「牛頭不對馬嘴」。顧客不僅不屑於聽我們講故事，然而還會產生防範心理，讓我們更難說服。

所以，在講述故事之前，首先要做的是跟客戶溝通、聆聽客戶的真正需求，然後再開始講自己的故事。

■ 二、情況 2：故事出現錯誤或穿幫。

對於顧客來講，故事本身的邏輯性並不是他們在意的重點，他們在意的是行銷演講人員是否在用錯誤的故事糊弄他們，對他們的是否尊重。在行銷演講過程中，我們一旦講了一個錯誤的故事，而且被顧客聽了出來，大多數顧客都會扭頭直接走人。這時，我們應該怎麼辦？

此時我們千萬不要試圖向顧客解釋這個錯誤，或者想向顧客證明你講的都是對的，這兩者都是愚蠢的做法。

記住，此時我們應該微笑著停下來，讓顧客說話。這是在向顧客表達我們的歉意和尊重，是轉移尷尬的最好方式。等到顧客說話時，我們再來對顧客進行引導，把顧客的注意力從剛才的錯誤上岔開。

另外，還有一招險棋，如果運用的好可以挽回顧客的信任，那就是直接承認錯誤。這一招如果遇到活潑型的顧客會非常有效，因為這樣性格的顧客通常喜歡直率的人，當我們承認錯誤的時候，反而能獲得對方的信任。但是對於完美型顧客，這一招只會造成反作用。完美型顧客追求完美，錯了就是錯了，如果你承認了錯誤，就等於永遠進入他心中的「黑名單」了。

還有的行銷演講人員會故意在故事中留下的一個錯誤，藉此引起顧客的注意，這樣做的前提是：我們對這個錯誤有一個

足夠合理的解釋能讓顧客信服。

　　銷售中的故事被顧客質疑不可怕，可怕的是遇到質疑我們不知道解決的辦法。有了上面的解決方案，當我們遇到被顧客質疑時，只要找出質疑的原因，按照解決辦法解決就可以了。

第 10 章
控場系統：
靈活應變，掌控全場

　　身為一個行銷演講師，不僅要會講，還要會控場。行銷演講現場就如同一個戰場，行銷演講師就是戰場上的統帥，要引領現場的客戶和工作人員建構積極的氛圍，杜絕尷尬冷場的現象，在和諧、有激情的氛圍中收錢、收人、收心。

用夢想激勵聽眾

電影《少林足球》中有句非常經典的臺詞：「做人如果沒有夢想，那跟鹹魚有什區別？」此話意在告訴我們，夢想對於每個人來說是非常重要的。無論是平民百姓，還是達官貴人，都應該擁有夢想，有夢想才會有野心、有追求，哪怕在實現夢想的過程中一路披荊斬棘、歷經坎坷，那又怎樣呢？透過堅持不懈地努力，我們不僅可以改變自己的命運，甚至還能達到改變世界的願望。

基於這點，我們要想在行銷演講的世界裡有所成就，就必須以人心為起點，牢牢抓住聽眾的「夢想」。

「改變世界的不是技術，而是技術背後的夢想。」之所以能成功，就是因為心懷夢想，並透過行銷演講來販賣夢想，然後一步步地打動聽眾，甚至讓聽眾也改變自己的夢想。

因此，我們想要做個成功的企業家，就必須在行銷演講的過程中學會販賣自己的夢想，在這裡我歸納總結出 3 種販賣夢想的模式，供大家學習和參考：

■ 一、拉高夢想

我們在行銷演講中販賣自己夢想的時候，一定要能打動聽眾，最好能造成震撼人心的效果，讓聽眾在聽完我們的夢想演

講後，能意識到自己的夢想是多麼的渺小和微不足道，從而願意重新整理並拉高自己的夢想。這樣，我們的行銷演講夢想才算發揮了作用。

我經常把夢想拿出來激勵自己要更加努力，同時也把夢想分享給身邊的人。當人們聽到我的夢想時，覺得我的夢想特別振奮人心，不僅給我加油鼓勵，而且他們也因此而受到影響，激發出心中更大的夢想，從而願意跟我一起為了夢想而前行。

這就是我們在行銷演講中必須具備的一種能力，這種能力讓我們不斷拉高聽眾的夢想，並讓自己在行銷演講這條路上越走越遠，越走越寬。

■ 二、換取資源

我們總是希望在講完自己的夢想後，能得到聽眾的認可和注意，達到夢想換取資源的目的。這種典型的販賣夢想模式不僅適合新創企業的創業者，也同樣適合成熟企業的企業家，前者依靠這種模式來獲取企業的發展資金和人才，後者透過這種模式進行自我宣傳和企業宣傳，讓企業和品牌被更多的人知曉，從而獲得更多的信任和關注。

總之，無論我們是怎樣的身分，或出於何種目的，在行銷演講中運用夢想換取資源這種模式，最終的前提就是讓聽眾被我們的「夢想」打動，這樣很多資源就會順理成章地收入囊下。

■ 三、取得收穫

　　我們講夢想時，肯定會提到自己的夢想最終能收穫什麼，這也是行銷演講時必不可少的內容，因為有收穫才會有源源不斷的希望，才會讓聽眾被我們的夢想所折服。夢想的收穫包含了物質上和精神上的，它不僅能讓企業獲取利益，實現個人夢想，還可以影響到更多的聽眾，讓企業品牌效應和口碑都得以提升。

　　沒有哪個企業家可以不經歷挫折就獲得夢想的成功，他們總是經歷著無數次的夢想破滅，並從夢想破滅中獲取經驗，才有了今天的成功。由此可見，夢想的失敗和成功，本來就是一對孿生兄弟，兩者相輔相成，在行銷演講夢想的過程中，如果我們把夢想失敗的收穫與夢想成功的收穫有機結合起來，用夢想的力量去打動臺下的聽眾，我們的行銷演講就會更成功、更受歡迎。

化解尷尬場面的技巧

不管什麼場合下的行銷演講，難保不會發生一些突發狀況，當突發狀況來臨時，身為行銷演講者該如何處理危機呢？可以說處理危機的能力與臨場應變能力，不僅決定著行銷演講能否順利進行，還展現著行銷演講者的綜合素養能力。

基於這兩點，行銷演講者若想讓自己的演說達到一個良好的效果，那麼處理危機的能力就一定要強，這樣才能洞悉聽眾心理、掌握聽眾需求、抓住聽眾感興趣的點，從而適時調整演說內容，為行銷演講成功做好助力工作。

那麼，要如何做才能靈活應變、巧妙化解尷尬場面呢？不妨參考以下兩點：

■ 一、全面控場，調動氣氛

一般來說，除了具備專業的產品知識、演說能力外，能否全面控場、調動氣氛也是行銷演講者需要掌握的一大技能。如何提升這項技能呢？我將從三個方面來為大家進行闡述：

1. 將反對者變為支持者

再優秀的行銷演講師也不能確保臺下所有聽眾都是支持者，難免會出現一些反對者，行銷演講隊伍中出現了反對者，

對方勢必會用質疑聲來破壞行銷演講的順利進行。因此，行銷演講者在登上演講臺後就應該快速區分這些不同類型的聽眾。

通常，那些對你抱以掌聲支持，投來欣賞與肯定目光的人，毋庸置疑當然是屬於支持者一類，有了他們的支持，你在行銷演講的過程中也能增添信心。

對於反對者，其在行為上大多是環抱雙手，眼神不屑一顧，這種類型的聽眾一般是初次聽講。雖然在行為上表現得很傲慢，但其實並沒有什麼惡意，他們只是出於一種戒備心理，只要我們能抱以微笑，用真誠的話語與他們耐心溝通，便能讓他們放鬆戒備、緩和態度，慢慢地接納我們。

2. 調節現場氣氛

在行銷演講現場，常常會出現這樣一幕：行銷演講者在臺上繪聲繪色，聽眾在臺下面無表情。這樣是不是很尷尬？既然是，那就要想方設法將聽眾的熱情與積極性調動起來。正所謂「好的開始是成功的一半」，行銷演講者可以選取一個聽眾感興趣的話題或是一句幽默的話語來調節現象氣氛。

3. 與聽眾現場互動

人與人之間重在溝通，行銷演講也是如此。行銷演講者若能與聽眾現場互動，在互動中拉近彼此距離、加深好感，自然能快速消除尷尬局面，能行銷演講活動順利舉行。

當然，在與聽眾互動的過程中，行銷演講者也要視現場情況來判斷和分析，根據聽眾的臉部表情與肢體動作來做出正確的判斷。

比如，聽眾手托下巴或者將手放在臉頰上，說明他們正在思考和分析，這是正常反應；雙手環抱胸前，說明內心產生了質疑，這時行銷演講者便要迅速調整策略；身體不斷晃動，說明緊張與焦慮，這時要給予對方一定的安全感，讓對方放鬆下來。

不管行銷演講者面臨的是以上哪種情況，只要學會了控場，就能讓尷尬瞬間消失的無影無蹤。

■ 二、化解危機，巧妙應對

在行銷演講過程中，我們有可能會遇到各式各樣的尷尬或危機，比如，觀眾和客戶的刁難，現場設備出現故障，甚至自己不慎忘詞，對於行銷演講新人來說，遇到尷尬和失誤是在所難免的，所以我們要掌握一些化解危機的方法。

在我的職業生涯中，也遇到過大大小小的尷尬場面，所以，我總結出了幾個化解尷尬的小技巧，希望能幫到大家。

1.靈活巧妙，穿插笑點

活躍氣氛的目的就在於化解危機與尷尬。當危機來臨尷尬出現時，行銷演講者千萬不要聽之任之，應在接下來的行銷

演講中巧妙穿插笑點，用笑點來化解。比如，冷笑話、奇聞異事等。

2. 掌握分寸，控制情感

做任何事都要學會控制分寸，分寸控制的好，一切便能應對自如。在行銷演講中，學會控制情感也是一件很重要的事，它能讓行銷演講者戒驕戒躁，保持理智，不因驚慌失措而分寸大亂，不因急功近利而魯莽行事。

3. 從容應對，妙語解說

在行銷演講的問答環節，難免會遇到刁鑽的顧客提出一些尖銳的問題，有些問題聽起來似乎不著邊際。不管問題是尖銳也好，不著邊際也罷，行銷演講者都應給予回答，千萬不要惡言相向，用批評和壓制的方法來解決問題，而應從容應對，妙語解說，化被動為主動，避免陷入窘境。

4. 將錯就錯，靈活處理

行銷演講者如果在演說過程中，不小心犯了言語上的小錯誤時，不妨試著將錯就錯，靈活處理，讓演說得以正常進行。

不小心說錯話的時候，若不及時有效的採取方法應對，就會變成冷場，這是行銷演講過程中最忌諱的一點，一定要學會規避。

5. 忘詞不用怕，應對有方法

有些行銷演講者由於緊張或焦慮，或多或少會出現忘詞的情況，哪怕準備工作做得再充分，一到關鍵時刻還是會凸槌。這種情況下，該如何應對呢？下面我就將我平時掌握和累積的一些技巧與大家分享：

🎤 中途插話

雖說插話是不太禮貌的一件事，但在行銷演講過程中卻是被允許的，如果講著講著忘詞了，不妨用中途插話的方式來應對。

例如，詢問臺下的聽眾：「臺下的聽眾，對我剛才所講的內容都了解了嗎？」此話說完後，認真地掃視臺下的聽眾，藉此機會為自己贏得回想內容的時間。一旦回想起內容，便可以說：「既然大家對剛才的內容都沒有異議，那麼我就繼續接下來的內容。」

🎤 跳躍演說內容

如果採用中途插話的方式還是沒能記起演說的內容，又不能一直傻站著在那裡冥思苦想時，這種情況應該如何做呢？

結合我多年的實戰經驗，我認為最好的應對方法就是跳躍忘詞部分的演說內容，採用幾句起承轉合的話引出後面的內容，這樣即過渡自然，又不至於影響演說的效果。即使後面容易回想起來了，也可以圓回來。

在演說快要結束時作為總結來補充，說：「因為這一點特別重要，所以我特意放到最後來與大家探討。」這樣就能自然而然的補充進去了。

🗣 用提問轉移注意力

所謂提問也就是透過一問一答的方式，來轉移注意力，藉此活躍氣氛和緩解忘詞時的緊張感。當然，提問時也要注意與行銷演講內容相關的話題才可以，這樣才能契合講主題。

比如：「以上觀點，大家是否有異議呢？」利用轉移注意力的方式來幫助自己回憶忘記的演說內容。

🗣 反覆銜接

反覆銜接就是指將忘詞前的那一段內容採用加重語氣的方式，在聽眾面前反覆演說幾遍。這樣便能加深頭腦的記憶，使之前中斷的思維得到銜接，從而讓整場演說看起來更流暢、更自然。

一旦忘詞，立刻重複上一段內容是個不錯的辦法，它可以促使行銷演講的順利進行。

靈活應變，巧妙化解尷尬場面，只要我們能將以上控場的技巧與方法運用到行銷演講過程中，就能打造一場高品質、高效率的行銷演講活動，從而輕鬆愉悅的達到我們的銷售目的。

三種行銷演講現場造勢的策略

在行銷演講中，我有時候覺得自己像一個將軍，會場便是自己的戰場，如果想在戰場上贏，就必須提升自身的演講能力，同時帶動整個會場的氣氛。

相信大家都看過電視購物，這種行銷方式在這幾年也很紅，我們常常會看到激情昂揚的主持人這樣說：「熱線剛剛開通，馬上就接通到一位幸運客戶，看來我們的產品真的很受大家歡迎啊，好產品值得擁有！大家趕快拿起電話訂購吧。哇，不得了，剛剛客服那邊說電話快打爆了，現又開通了兩部熱線電話，到現在鈴聲都響不停，能擠進來的客戶真是太幸運了，最後三十分鐘，搶到就是賺到，大家趕緊拿起電話搶購吧，錯過這一次，後悔一輩子，時間緊迫哦⋯⋯」

電視購物裡，幾乎都會出現類似於這樣的話術和場景，是不是產品銷量真的就這麼好？電話快被打爆了呢？我們也不清楚。但是可以看出，主持人的目的就是為了渲染積極的現場氣氛，製造出銷售熱門的場面。那麼，主持人是透過什麼方法達到這個目的呢？其實很簡單，就是找一個引子，這個引子就是消費者打進來的電話。我們在行銷演講中，也可以藉助這個辦法烘托現場的氣氛，比如找一位購買產品的客戶作為突破口。

　　千萬不要小瞧了這個客戶的價值，實際上他就是我們的一個引子，我們以這位購買者為突破口，大肆宣傳產品價值，還可以問購買者一些關於產品的問題，或者讓購買者跟現場的觀眾互動，來營造活躍的氣氛，這樣就會被更多的客戶信服。相反，如果沒有這個引子，光靠我們在臺上講，客戶依然不為所動，那我們的行銷演講該如何繼續下去呢？

　　所以，我們在製造和烘托現場氛圍的時候，要抓住以下幾個小技巧：

■ 一、以點帶面：帶頭「購買」，大肆渲染

　　萬事都要提前做好準備，行銷演講前準備一個或幾個「暗椿」冒充購買產品的客戶，可避免出現「無人購買」的尷尬場面。

　　從上面這個場景我們就可以看出，當我們在猶豫不決的時候，攤主抓住了我們這一心理，所以在成交第一筆單時，故意大聲地吆喝，與購買的客戶及攤位前的客戶溝通，製造出熱鬧的搶購氣氛。這樣一來，不僅提高了現場人氣，而且促進了我們的購買欲，最終達成交易。

　　在運用這個方法渲染現場氣氛的時候，我們還應該牢牢把握這幾點：

1. 嗓門大

　　我們經常看到，越是熱鬧的地方，一般聲音都比較大，在渲

染現場氣氛的時候，我們一定要亮出自己的大嗓門，聲音越大，越能吸引客戶。尤其是跟成交客戶溝通的時候，更要放大聲音，中氣十足，這樣便會吸引旁觀者的好奇心，也會湊過來看看是什麼好東西，這樣不僅烘托了現場氣氛，也吸引了人群注意。

2. 話術精準

當我們猶豫不決的時候，老闆與客戶的交流基本上是「這件衣服沒尺碼了，還有尺碼的衣服也不多了」這類的話語，讓我們聽過之後，心裡就有點著急了，再不買的話就沒有了，於是，趕緊去搶購了幾件自己喜歡的，這就是銷售中精準有力的話術。在銷售中，當一個客戶在購買產品時，我們也要找到精準有力的話術來渲染現場氣氛。

比如可以說：「這位客戶非常幸運，在前 30 分鐘購買，不僅得到我們的高品質產品，還可以享受我們的優惠福利政策終身免費上門服務，真是太超值了，這個優惠福利僅限前 30 分鐘哦……好的，這位客戶在第 8 分鐘的時候……」這就是話術精準有力的表現，可瞬間讓活動氣氛高漲。

3. 音樂配合

不管是電視購物，還是銷售現場，我們可以放一些動感十足的音樂來渲染購買時火爆氣氛，目的就是讓客戶有緊迫感，以此來調動客戶的積極性。

■ 二、利益刺激：吊胃口，給優惠

1. 吊胃口

　　前不久，我看到一個朋友說「今天不幸運，又沒搶到新款手機。」相同的內容大概連著發了好幾天，昨天，他突然發了一條「今天好開心好激動，終於搶到新款手機。」

　　我百思不得其解，既然有這麼多客戶有需求，商家應該很開心，並提供充足的貨源才對啊，為什麼要讓他們一連好幾天坐在電腦前苦苦搶購和等待呢？出於好奇心，我決定來好好研究一下這種銷售模式。

　　我們都希望自己的產品，不費吹灰之力，就被別人搶購一空。同樣，在行銷演講中，我們也可以運用上面這種「飢餓式銷售法」的模式。

　　我們知道，「吊胃口」是最能激起客戶欲望和興趣的方式，如果每次只限發售一定數量的產品時，就會讓「稀有效應」發揮作用，客戶的胃口被迅速吊起，急切想要去占有、得到。

　　這種「吊胃口」的方式和前面我們講的「以點帶面」恰恰相反，「以點帶面」就是跟風購買，一個人購買了覺得好，其他人也跟著購買。「吊胃口」則是透過一些限量發售的產品，激發人們的占有欲，會產生一種心理：好東西本來就少，我要盡快先搶到，看到別人搶到了，我很不服氣，下次我要加油。這種心理的產生會讓客戶有一種迫不及待想得到的想法。

運用這種方式值得注意的是，我們在選出一款產品做限量銷售的時候，一定不能貪心，看到客戶搶購效果太好，就亂了方寸，無限的放量，火爆場面最多持續一兩天就結束了，這樣根本起不到「吊胃口」的效果，正確的方式應該是狠下心，說銷售多少就是多少，這樣才會達到持久的「快速搶購一光」的效果。

2. 優惠到位

客戶總是會被一些小恩小惠吸引，甚至內心覺得這是銷售者的真摯誠意。所以，我們在進行銷售的過程中，也要有這方面的覺悟和行動，比如發放一些小禮品、小優惠什麼的給客戶，不僅可以幫助我們與客戶建立起感情，拉近彼此的關係，而且還能收集客戶資源，挖掘潛在客戶。

一點點的小恩小惠並不需要多大的投資，卻可以吸引新老客戶的惠顧，何樂而不為呢？但在這個過程中，我們要掌握以下幾個小技巧，才能確保我們發放出去的贈品能提高產品銷售效果。

(1)選擇合適的贈品。在贈品的選擇上，可以新奇有趣，也可以經濟實惠，但要遵循的一個基本原則就是贈品不要偏離我們銷售產品，一定是跟我們的產品是有關聯的，這樣有助於產品宣傳。值得注意的是，贈品的品質不能太差，這樣很容易引導客戶覺得我們的產品像贈品一樣差，同時客戶也會懷疑我們的誠意。

(2)用贈品營造「急迫」感。我們在發放贈品的時候，不需要人人都有，如果人手一件的話反而展現不出贈品的存在價值，也會讓客戶有種被輕視的感覺。我們一定要讓贈品發揮其作用，讓贈品營造出一個「急迫」的行銷氛圍。比如可以告訴客戶「贈品數量有限，先買先得」，這樣會讓客戶馬上產生一種緊張感，這種緊張感會迫使客戶急於購買產品，這樣就提高了客戶的購買熱情。

■ 三、與主持人默契配合

主持人的表現好壞與行銷演講活動成功與否也有一定的關係，比如我之前參加過一次行銷演講活動，當時主持人在介紹行銷演講師的時候，語言平淡無奇，也沒有肢體動作，更無任何表情，臺下的聽眾面對這樣地介紹，也表現出一副冷漠的狀態，導致行銷演講人也極為尷尬。這樣的開場白，會呈現出激情的演講和活躍的氣氛嗎？當然沒有。

一個好的主持人，不僅要有充滿感情的語言，還要有塑造出場人物的能力。當然，這個能力單靠主持人是不夠的，還需要行銷演講人與主持人的默契配合，共同合作，才會讓行銷演講活動取得成功。

在行銷演講過程中，我們也應該保持與主持人的默契配合，形成一種共同合作、互相推進的關係。比如主持人可以問

我們：「聽說你今天帶來了一件很神奇的東西與我們分享，是真的嗎？」這樣一引導，很快就將話語權交到我們手中，我們馬上就可以接著說：「當然是真的，這個神奇的東西是……」進而順利的展開演講，這樣的合作關係，不僅使交流順暢，也讓聽眾產生好奇心，想盡快知道神奇的產品是什麼。

當然，這樣的合作方式有很多種，不管選用哪一種，只要我們和主持人「打好關係」默契配合，不但可以順利的推銷我們的產品，還能活躍整個活動現場氛圍。

總之，要想與主持人默契配合，就要提前做好充足的準備，臨場發揮容易失誤也不太可靠，所以在必要時還需要進行事前排練，對一些細節的設定做好溝通工作。只有這樣，我們才能造就完美的現場氣氛。

第 11 章
成交系統：
掌握成交系統，提升業績

　　成交是行銷演講的最終目的，前期所有的努力都是為了成交。成交是行銷演講師與客戶的心理戰，所以行銷演講師要掌握客戶的情緒，了解客戶的心理，還要掌握成交的技巧，最重要的是，要抱著絕對成交的信念，有這樣才能走好行銷演講的最後一步。

利用情緒瞬間成交

　　眾所周知，人類的情緒是複雜多變的，就像是一張晴雨表，上一秒還晴空萬里，下一秒便烏雲密布。顧客在面臨做購買產品抉擇的時候，難免也會出現這樣或那樣的情緒變化，這時，我們應該如何利用情緒瞬間成交呢？

　　在這裡，最實用的辦法就是：先剖析出顧客的情緒變化，接著採用有效的辦法去影響顧客的情緒，然後使他們的情緒受到我們的主導，最後實現我們的成交願望。

　　既然顧客的情緒，對我們來說如此重要，那麼在這裡，我們就有必要了解情緒的深層涵義。

　　所謂情緒，就是指人對客觀存在的事物需求態度的一種體驗，這種體驗具備外部表現形式，主觀體驗形式以及非常複雜的神經生理基礎。這種情緒在顧客進行購買時也會出現，因為顧客在購物的過程中，他們不單藉助視覺、知覺、感覺和記憶等了解到購買對象，而且還對購買對象抱有某一種態度。

　　這某一種態度也就象徵著顧客所折射出來的情緒。就拿情緒表現的方向和強度來說，顧客在進行購買時所產生的情緒一般可分為兩種類型，即：積極情緒和消極情緒。

■ 一、情緒對消費者的影響

1. 積極情緒

所謂積極情緒，就是指顧客抱有的一種積極樂觀的態度，比如滿意、喜歡、開心和滿足等。

當店家為了迎合顧客的需求而設計出一種貼切的購買氛圍時，正是這種符合顧客需求的氛圍，讓顧客在情緒上產生一種積極的回應，讓他們自然而然地去接受產品，並且還會產生一種強烈的購買欲望。

當然了，顧客的積極情緒首先來自於其自身具有的超強驅動力。具有超強驅動力的顧客。他們通常在選購產品的時候，商家只要事先給予一些誘因，他們就會以一種積極的情緒去回應。這個時候，商家應該要做的是，如何去強化顧客的這種反應，促使他們購買自己的產品。

商家要懂得設計出顧客真正想要的產品，從中帶來顧客所能享受到的價值。那麼，在具備這些因素的前提下，顧客的積極情緒就能被帶動起來，商家的產品也就能被顧客所購買了。

2. 消極情緒

所謂消極情緒，就是指顧客產生厭煩、不滿和恐懼的一種情緒，這種情緒通常會抑制或阻礙顧客的購買欲望。

而顧客產生的消極情緒一般有以下 4 種主要原因：

(1)顧客覺得購買該款產品不會得到自己想要的心理享受。

(2)顧客自身的驅動力不強烈，對該款產品的渴求度很低。

(3)市場上出現與該款產品差不多的產品，導致顧客產生一種遲疑心理。

(4)顧客受到周圍其他顧客的影響，造成自己舉棋不定。

另外，顧客的購買力也會影響到他們的驅動力，導致他們對購買產品產生一定的消極情緒。然而，錢也並非是他們產生消極情緒的決定性因素，因為當他們看上了某一款產品時，即使是刷信用卡也會去購買的。因此，顧客的消極情緒是否產生，重點在於顧客在心理上有沒有獲得滿足感。

■ 二、安撫情緒，贏得成交

了解了情緒對顧客的影響，那麼接下來，我們還要繼續了解當顧客在購買某一款產品的時候，他們的主要情緒是什麼呢？

答案是焦慮。簡單一點來解釋，就是當顧客在決定是否購買該款產品時，在這過程中，他們在自己的腦海中會進行著艱難的抉擇，他們這種情況，可以用兩字概括：「糾結」。在他們的糾結之中存在擔心、恐懼和期盼等情緒，這樣一來，他們就會產生焦慮。

有時他們在無法抑制和疏解焦慮的時候，就有可能換用暴

怒發火的情緒來毀壞一切關係，好讓自己從焦慮中解脫出來。

那麼，我們該怎麼去解決顧客焦慮的問題呢？想要解決這個問題其實並不難，只要解決支撐他們的其他的情緒要素，而不是在他們正在左右搖擺的時候催促成交。也就是說，我們要懂得安撫顧客的情緒，以便贏得成交。，做到這些，我們應該從以下五種情緒方面入手：

1. 顧客的憂

所謂憂，就是指顧客在購買某款產品的時候，擔心產品品質是否有問題、商家有沒有欺騙自己、產品到底值不值得這個價錢、買回家後壞了能不能退貨等這些問題，這種擔憂情緒就是導致顧客糾結的主要原因。

那麼，我們該怎麼去解決顧客的這種情緒呢？

其實，顧客之所以有這樣的擔憂，是因為他們對我們還不夠信任，所以才會將這種懷疑轉移到其他方面上。面對這種情況，我們要做的就是提高顧客的信任度，要讓他們知道我們是理解他們的需求的，甚至讓他們覺得我們跟他們擁有同樣的立場，即「為他們的擔憂而擔憂」。

這時候，我們不妨這樣做：

(1)我們要專注於顧客所提的心理訴求，並做好紀錄，並對於顧客提出的不同訴求，我們也要給予針對性的意見與回饋。在我們專注做這些事情的時候，顧客也能感受到我們的用心和

認真，同時他們也會有一種受到尊重和重視的感覺。

　　⑵我們要從客觀上認可顧客的訴求，再明白無誤地了解到顧客的心理難題：做抉擇是不容易的。這時，我們可以這樣對顧客說：「當然了，買這麼貴的產品確實是需要一點時間考慮一下的，換成是我的話，我也會猶豫著要不要買、買哪款比較好。」經我們這麼一說，顧客必然會覺得我們很理解他們，進而願意跟我們進行深入地交流，而當顧客願意跟我們進行深入交流的時候，就意味著我們的銷售目標已經成功了一半。

2. 顧客的喜

　　所謂喜，就是我們不斷地塑造產品的價值，並且讓顧客看到這種價值，從而激發他們的喜樂情緒。但我們也知道僅僅塑造價值還不夠，我們還需要解決顧客的其他不良情緒。同時滿足這兩個前提，才能最終影響顧客的購買抉擇。

　　顧客的其他不良情緒，除了前面我們講過的憂，下面還有恐、怒和悲三種。

3. 顧客的恐懼

　　很多時候，顧客之所以出現猶豫不決的態度，是因為他們產生了恐懼心理。

　　一般，恐懼心理的產生是由於顧客對未來的事抱有一種不確定性。因此，要解決顧客的這種恐懼情緒，我們首先應該幫

助他們解決不可控的感覺，所謂不可控，就是指不知道圍牆的另一邊是什麼。所以，當顧客不知道圍牆的另一邊有什麼的時候，我們這時候不應該讓顧客直接翻牆過去，而是應該送一把梯子給他們，讓他們順著梯子爬到牆頭去看看圍牆另一邊的世界怎麼樣。而這裡的梯子就是指我們所提供給顧客的方案。

當我們提供優惠、有效、全面和無風險的方案給顧客時，顧客就能夠透過方案看到圍牆的另一邊的世界了，那麼他們接下來就較容易接受該方案，並且最後同意跟我們合作。

4. 顧客的怒

通常，顧客的憤怒來自於不公平，我們想要解決顧客的憤怒情緒，就要知道把決定權完完全全地交到顧客的手上。同時我們要讓自己的一切言行舉止都不要讓顧客有被迫購買的感覺。

這裡，有一種話術，我們拿來借鑑使用一下，比如我們可以說：「您看，如果能給你這個優惠力度的話，現在就定下了吧！」一般像這樣的條件句，業務員都很喜歡使用在成交提問中。這時候，顧客要是同意了，就意味著該訂單實現成交目的了，但顧客要是還不同意呢，就說明他們還存在顧慮，那接下來我們要做的就是繼續挖掘他們的顧慮。

在繼續挖掘顧客顧慮的過程中，我們要讓顧客覺得我們是很有創造力的，他們想要什麼，我們就能給他們帶來什麼，甚至能夠帶來超出他們的想像。如果我們做到這一步，那麼顧客

的顧慮基本上都已經被我們打消掉了。再往下走，就是我們要考慮讓顧客先付一點定金確定購買決定，待貨到再支付全款。這樣做，我們便成功做成一筆訂單了。

5. 顧客的悲

現在，讓我們一起來了解顧客情緒中的最後一種，即「悲」。所謂悲，就是指當顧客買某件產品出現不完美的情況的時候，他們可能或多或少都會出現悲這個情緒。

比如，顧客是一位女性，現在有一款名牌手鍊非常適合她，只要帶上它馬上就能提升她的品味和氣質。但是她錢不夠，這時她的情緒必然是悲傷的，可能她還會覺得自己的自尊心受到了傷害。總之，不管怎麼樣，當她希望圓滿卻發現現實無法達成的時候，她的悲傷情緒肯定是占主導地位的。

從這個例子，我們可以發現，顧客的悲傷情緒一般在他們想買產品卻發現錢不夠付帳的時候，或者是在他們想買產品卻發現該產品本身存在缺陷的時候等這些情況下才會出現。總之，就是那些讓他們不能盡快做出購買決定的實際障礙。

那麼，當顧客出現悲傷的情緒時，我們該怎麼去幫他們消除這種情緒呢？這時，我們可以透過兩點進行操作。

(1) 我們透過「唯一化」來判斷，也就是說我們先來判斷顧客的難題是不是唯一的，如果是的話，就直接解決它；如果不是的話，我們進行下一步的操作。

(2) 我們透過「抓重點」的方法把顧客所有的問題都挖掘出來，再分析這問題的優劣勢，在此基礎上，盡可能地整合出一套絕佳的解決方案。

在這裡，通常我們的提問方式，大多數都是這樣問的：「您還有其他方面的問題需要解決嗎？」「您還有其他的顧慮嗎？」「您何不現在就買下了呢？」等等。經我們這麼提問，顧客多半就會不由自主地把自己的難題顯露出來了。

這時，在我們掌握顧客的所有難題之後，我們再來用誘導的方式影響顧客轉換到考慮的方向上來，最終促使他們盡快做出購買決定。

簡而言之，身為業務員，我們應該充分掌握顧客的各種情緒，才能做到如何有效地影響他們的情緒，從而引導他們盡快購買我們的產品。

建立信賴，達成交易

　　顧客對業務員的信賴，是貫穿整個行銷演講到成交過程
的。如果行銷演講師僅僅說只是回答顧客提出的問題，就只能
在彼此之間建立初階的信賴，要想獲得顧客的徹底信任，還需
要用系統的方式在顧客心中建立更強的信任感。

　　顧客對我們越信賴，成交就越容易。那麼，我們要如何建
立信賴感呢？下面的四大策略是我根據自己多年行銷演講經驗
總結出來的，希望對大家有所幫助：

■ 一、專業形象

　　對於顧客來講，如果他是懂行的業內人士，自然無需尋找
專家的幫助，而當顧客找到行銷演講師的時候，他就是來找專
業人士解決問題的。行銷演講師就是銷售產業行業的「專家」。
所以，行銷演講師也要學會對自己進行包裝，把自己包裝成專
家的形象。我們要弱化自己的銷售人員的形象，強化自己在產
品行業內的「專家」身分。我們只要讓顧客覺得向他們推銷產品
的人不是賣家，不是要賺他們錢的人，而是行業內的專家，是
幫助他們解決問題的。打造專家形象，並不是說行銷演講師穿
著像專家的衣服就行，應該是讓客戶從心理認同行銷演講師的

專家形象，覺得自己眼前就是一個專家才對。

1. 專業形象

外在形象是打造專業形象的第一步，也是為了讓行銷演講師能在第一眼「看」起來夠專業。人的第一印象是很重要的，顧客看到行銷演講師的第一眼，就會留下「賣家」或「專家」的印象。如果顧客第一眼對行銷演講師產生了好感，才會繼續願意和行銷演講師溝通。專業的形象，能提升行銷演講師的自信，也能展現行銷演講師對顧客的重視。

2. 專業知識

專業知識展現在行銷演講師與顧客的問與答之中，無論是問還是答都需要一定的專業的知識。如果一名業務員能在客戶主動提出問題之前，就能透過發問推測出顧客關心的重點，並根據顧客的心理提出完美的解決方案，那麼，顧客一定會把他看成是真正的「專家」。

一名合格的業務員必須具備一定的專業知識，才能自如地發問和解答，這種自信、自如的對答行銷演講，能輕鬆地讓顧客接受你推銷的產品。

3. 讚美顧客

人都喜歡聽好聽的話，聽讚美的話，我們要學會讚美顧客。而讚美顧客也是需要技巧的，當我們讚美顧客的時候，臉

上的表情一定要真誠，切記虛假和敷衍，只有發自內心的讚美，才能讓顧客感受到我們的善意。在讚美和接受讚美的互動中，雙方強化信賴關係，促進成交的完成。

4. 引起共鳴

所謂共鳴，就是客戶肯定的回答，就是客戶的承認。引起顧客心理共鳴的最直接的方式就是發問，透過技巧性的發問讓客戶承認，讓客戶肯定地回答「是」，一步步和客戶達成共識，最終讓客戶認跟我們的觀點。比如業務員最簡單的提問：「您想要獲得幸福和健康嗎？」客戶當然回答「是」。

■ 二、完美的第一印象

前面我們提到，人的第一印象很重要，尤其是在行銷演講中。如果行銷演講師給客戶的第一印象差，客戶是很難接受這個行銷演講師所講的內容的。就像一個企業或者品牌，如果已經在客戶心理留下了不好的印象，哪怕再優秀的業務員也很難把這樣的品牌賣給顧客。

優秀的行銷演講師，要讓顧客留下美好的第一印象，不僅需要良好的穿著，還要從風度、談吐、表情動作以及語氣等各方面著手。一個積極的，正面的形象，會讓顧客覺得你的產品也是正規的，可以信賴的。相反，如果一個行銷演講師給顧客的第一印象不好，顧客會對他所銷售的產品、所講的內容產生懷疑。

同樣的，對於企業以及品牌來講，也同樣需要在顧客心中留下良好的第一印象。企業可以透過宣傳，包裝等方式，讓顧客留下美好的印象，讓顧客覺得你的企業是正規的，品牌是優秀的，產品是有品質保障的。

■ 三、客戶見證

在行銷演講過程中，有真實的案例，或者有影響力的客戶和名人能證明產品的可靠，對於銷售產品是有很大幫助的，這就叫客戶見證。最典型的客戶見證就是明星廣告的效應，但是在實際的行銷過程中，行銷演講師不能只拿廣告說事，最好是有身邊的案例。客戶見證分為直接見證和間接見證，使用恰當，兩種見證都能快速讓顧客相信我們的產品。

1. 直接見證

直接見證就是有直接的例子，有圖有真相。行銷演講師可以把照片、影片等數據直接展示給客戶看。客戶透過這些照片和影片數據，看到其他顧客的使用效果，自然而然地對產品產生信賴。

在展示直接案例的時候，行銷演講師注意觀察客戶觀看案例的反應，如果客戶在看到案例時露出快樂、享受的表情時，這就等於顧客認同了產品，透過案例已經取得了顧客的信任。

2. 間接見證

　　所謂的間接見證，就是行銷演講師沒有直接的證據，只能透過口頭演說。間接見證的舉例不能是普通人，最好是名人或者名企的案例。只有具備一定知名度的名人或者名企，才能讓客戶認同行銷演講師所列舉的案例，相信推薦的產品。這是一種從眾心理，一般客戶自己拿不定主意的時候，會選擇一個自己相信的人來相信。

■ 四、信任捆綁

　　客戶有盲從心理，那麼身為行銷演講師，我們應該學會向有影響力的人來借勢，這叫信任捆綁。請明星代言就是一種信任捆綁，借用明星的影響力，來拉動產品的無形價值；借顧客對明星的信任，取得顧客對產品的信任。

　　還有另外一種信任捆綁的方式，是嫁接式信任。比如：小王和小李是朋友；小趙和小李也是朋友，小王和小趙之間並不認識。所謂「朋友的朋友就是朋友」，那麼小王要想和小趙達成合作，當然可以藉助小李的力量來穿針引線。只要有小趙對小李的信任在其中，小王和小趙之間的信任，就能透過嫁接迅速建立。

　　透過這一章節，我們學會了打造專業的銷售形象，這主要是為了給客戶留下良好的第一印象。其次，透過直接或間接的例證，來建立行銷演講師和客戶之間的信任。亦或者是借用信任捆綁，打消顧客心中的疑慮，最終取得客戶的信賴。

掌握三大流程，鎖定成交

在前面的章節中，我們已經學過了行銷演講前幾個階段的相關內容，現在，我們將要學習的是行銷演講最後階段的相關內容，也就是關於收錢的部分。

眾所周知，我們做行銷演講的最終目的就是賣出產品，然後收錢。但在這裡，收錢並不是隨便我們想怎麼收就怎麼收的，而應該有固定的流程。所以，身為業務員，如果我們想要透過行銷演講的方式來銷售產品的話，那麼我們就有必要掌握行銷演講的收錢流程，只有這麼做，我們才能有效地實現自己的行銷演講目標。

那麼，接下來就讓我們一起來學習關於收錢的流程這一部分內容吧！

■ 一、首次成交

身為業務員，我們和客戶之間產生的首次成交具有非常重要的意義，因為首次成交會為我們和顧客帶來一種突破，這種突破意味著雙方開始建立信任的關係，象徵著顧客願意嘗試接受我們和我們的產品。也只有在實現首次成交的基礎上，我們今後才有機會與顧客建立長期的合作關係。

　　然而，對於很多業務員來說，促成首次成交是非常不容易的，這當中需要業務員擁有超強的行銷演講能力，而且還需要業務員在跟顧客交流的過程中了解以下 4 點注意事項：

1. 必須跨越信任的鴻溝

　　業務員要想實現與顧客之間首次成交的目標，關鍵要做的是跨越信任的鴻溝。身為業務員，這樣做的目的是為了讓顧客消除對我們的疑心，並放下對我們的戒備，從而願意與我們建立信任的關係。

　　當然，我們在讓顧客跨越信任這條鴻溝的時候，應該要注意以下兩點：

🗣 不要急著約見顧客

　　因為我們很多時候是先透過電話或線上進行的第一次溝通與交流的，這時，我們首先應該向顧客介紹自己，接著再介紹公司、品牌、服務和產品。至於約顧客見面，需待時機成熟，也就是說，需要我們跟顧客已經做到了全面的溝通之後，顧客對我們有了深層次的了解，且有了跟我們會面的意向，這時候，我們再提出面談也不遲。

　　否則，我們過於急切地約顧客見面的話，只會引起顧客的反感，畢竟讓他們急著見我們這樣的「陌生人」，從心理學的角度上講，很多顧客肯定都會產生一種反感的情緒。

🗣 不要太過頻繁地打擾顧客

雖然說很多業務員都不畏懼顧客的冷漠態度，會持續不斷地聯繫顧客，這一行為本身並沒有錯。但錯的地方就是有些業務員不懂得把握尺度，聯繫的次數太過於頻繁，結果讓顧客產生了厭煩的情緒。

所以，業務員應該要清楚這一點，就是每次與顧客聯絡的時候，提前與顧客約好下一次聯絡的時間，這樣就可以避免過於頻繁地打擾顧客。我們只有有節奏感地聯繫顧客，一步一個腳印地獲取他們的信任，才能最終實現成交的目的。

2. 將價格降低，把騰出的利潤空間讓給顧客、員工和合作夥伴

在與顧客產生首次成交的時候，身為業務員的我們，首先要做的是優先讓利給顧客，就是把產品的價格降下來，把降下來的這部分利潤讓給顧客、員工和合作夥伴。只有這樣做，才能讓公司獲取到越來越多的顧客、更優秀的員工以及更穩固的合作夥伴。而如果不這麼做，企業就很難更好地經營下去了，因為一家企業能夠存活下去，最終依靠的是顧客、員工和合作夥伴。

3. 成交率要比成交金額更重要

所謂「薄利多銷」，就是重成交率、輕成交金額的一種銷售方式。不管是企業，還是商家，他們都喜歡採用這種銷售方式，特別是在與新顧客打交道的時候，往往提高產品的成交率

比提高產品的利潤額更有利、更重要。可見，在與顧客達成首次成交的過程中，我們身為企業或商家的業務員，必須要意識到這方面的重要性。

4. 與顧客打個平手，或讓自己虧一點，或讓自己只賺一點點

在與顧客達成首次成交的時候，我們先不要抱著從顧客身上大撈一筆的想法，而是先要想到如何才能維護該顧客，讓他變成我們的「鑽石會員」、「黃金會員」等等。所以，在首次成交時，我們不妨讓自己與顧客打個平手，或讓自己虧一點，或讓自己只賺一點點。

■ 二、追加銷售

這裡的追加銷售，是指在顧客購買我們的核心產品之後，我們接著再向他們提供其他的配套產品。比如當顧客燙完頭髮後，我們再向他提供一些護髮的產品，或者當顧客購買一臺筆記型電腦之後，我們再向其提供鍵盤墊、眼藥水等一些附屬性產品等等。這樣做不單能拓寬我們的銷售業務，還能進一步刺激顧客潛在的購買力。

在我們追加銷售的過程中，我們要善於把握潛在顧客以及其潛在的購買力，還要適當地讓顧客體驗到我們的產品價值，促使他們對我們更加的信任，最終讓他們確定追加購買。

同時，我們還可以這麼做：對那些與我們有良好互動五次

以上的顧客，把他們變成我們的永久性會員。因為在現實生活中，每個人都希望有一個企業或商家能夠滿足自己的心理需求，並能夠為自己提供長期的服務，這種心理需求，顧客也是有的。

首次成交之後，我們依然要堅持為客戶提供優質的服務，來留住老客戶，吸引新客戶，這樣才能源源不斷的獲取到更多的顧客，從而達到我們鎖定成交、快速收錢的目的。

快速成交的八個方法

　　銷售是一個重視結果的工作，行銷演講師前期開發客戶、跟進客戶，一切都是為了最後的轉單成交做鋪陳。我從事銷售十幾年，見過形形色色的行銷演講師，他們不缺勤奮、努力，和客戶的溝通維護也很好，但是臨到最後轉單成交的時候，總是缺少臨門一腳踹開的能力。

　　我總結了一下，無非是兩種情況：

　　一是在面對客戶的時候自我感覺良好，跟客戶之間相處表面熟，聊了太多無關緊要的事，始終聊不到正題。可以說，行銷演講師的行為是「多情劍客無情劍」，最終自己淪為配客戶聊天的角色。

　　其二就是對顧客的意向掌握不準確，顧客意向不強，遲遲下不了的決定。這個時候，行銷演講師已經花了大量的時間和精力付出在這位顧客身上了。就像是談戀愛，你主動的太久，對方還是無意，這叫「單相思」。

　　實際上在成交的最後一步，多數顧客都會給自己的心理設定一道防線，如果行銷演講師不能一鼓作氣突破顧客的最後一道防線，等於直接退回了銷售的原點，是很難達成成交的。要想突破顧客的最後防線，行銷演講師需要掌握快速成交的技巧，我歸納為八大方法：

■ 一、問題框定法

問題框定法非常簡單，就是和客戶溝通之後，把客戶提出的所有異議框定出來，然後逐一解決。框定的目的就是強調客戶的問題，避免客戶又提出新的異議。比如：「王總，您就是對付款方式上面有異議，對嗎？」「李總，您是對合作時間有不同看法吧？」

■ 二、封閉二選一法

簽單成交，這是每一位行銷演講師的最終目的，我們通常會用提問的方式來了解客戶的意向。例如：「王總，對這款產品您還需要了解些什麼嗎？」等等。

對於提問，有開放式和封閉式兩種，上面這個問題，就是開放式的問題。王總的回答會有很多的可能性，對一種產品的了解，會是多方面的，它可能是產品功能，也可能是產品的價格。如果想回答王總的問題，行銷演講師需要做出多方面的備案，提高了銷售的難度。

假如行銷演講師的提問變成：「王總，您對這款產品的功能還需要了解其他的嗎？」這個問題，把問題縮小到產品功能上面，範圍進一步壓縮，行銷演講師也就能更好地掌控問題的方向。這就是封閉式的問題。

比如我在銷售的提問會這樣講：「王總，您是先購買一套還

是兩套產品？」「王總，您這邊是付現金還是刷卡？」

　　這樣問客戶問題，是典型的封閉式二選一問題，客戶在我的提問引導下，已經從選擇環節進入了成交環節，客戶需要在我的提問中二選一，無論選的是什麼，都會直接進入成交。

　　身為行銷演講師，切記在沒有問題的時候問客戶：「您還有其他問題嗎？」這是在引導客戶提新的問題。我們是行銷演講師，我們的目的不是專門來回答客戶提問的，能讓客戶越少提問越好。

■ 三、反問成交法

　　顧客對成交有著天生的牴觸心理，哪怕他的心中已經認同了產品，哪怕他急著非常想要購買，也不代表會立刻掏錢成交。很多客戶本來有很強烈的購買欲望，但是還是不斷提出行銷演講師難以回答的問題來刁難行銷演講師。反問式成交，可以幫助行銷演講師有效地解決這個問題。

　　行銷演講師可以反問顧客，向顧客提問。比如：你是培訓機構的導購，當客戶問「我自己在家看影片，看書都可以自學，為什麼要報名你們的課程？」那麼，你就可以反問：「孩子在家也可以自學，但是為什麼我們還是會把孩子送去學校呢？」

　　孩子到了年齡必須要上學，這是一個基本的道理，人人都懂。因為學校能更好地促進孩子的學習。同樣的，培訓機構是專業的機構，家長其實心理已經認同了培訓課程能更好的幫助孩子

的學習，我們只是強化了顧客心中的認同，他也就沒有疑問了。

■ 四、利弊分析法

客戶的猶豫不決，是銷售成交的一大難題。因為產品的某些優缺點，客戶既不忍心放棄，又擔心買了後悔。實際上，這種客戶往往有著極強的購買需求，他們需要我們的產品。

此時的行銷演講師，應該利用自己對行業的熟悉程度和對產品本身效能的了解，幫助客戶權衡利弊。但是切記，行銷演講師講述的內容必定要凸出產品為客戶帶來的好處，不要去強調產品的缺點。

使用這種技巧的時候，要考慮客戶的性格，如果客戶是一位有主見的，銷售願要闡明產品的利弊，多說說好處；如果客戶總是猶豫不決，說明客戶對產品的滿意度不夠，行銷演講師不妨提供比較多的參考意見。

如果客戶意見完全了解了產品的優缺點，行銷演講師不能只是一味地強調產品的利益，必要的時候需要提一下弊端所在，否則客戶會懷疑行銷演講師的誠意。

■ 五、體驗成交法

試用體驗，是促進成交的一種方法，比如服裝店試穿、化妝品專櫃的試用、培訓機構的試聽等等。用真實的體驗讓客戶

能看得見、摸得著，切身感受到產品和服務的實際效果。親自體驗永遠比他人的傳言要更容易信賴，同時，讓顧客直接體驗產品或服務，也能減少行銷演講師的行銷演講，消除顧客心中的顧慮，促進成交。

■ 六、假設成交法

假設成交法不是指行銷演講師心理假設成交，而是行銷演講師在行銷演講的過程中讓顧客假設已經成交，進入把顧客引進成交的階段。在這種思維模式中，行銷演講師需要引導顧客不斷做出成交反應，讓顧客自己產生成交的渴望。

但是在假設成交之前，行銷演講師需要透過行銷演講的發問，了解客戶的基本資料，只有在顧客真正需求的基礎上發出成交訊息，才能把顧客引入假設成交的模式中。行銷演講的整個過程，行銷演講師要語氣自然，說話要委婉迂迴，不能直接催促客戶成交，否則會帶給客戶不好的體驗。

先假定客戶已經成交，將成交後續的服務、售後等流程對客戶預演一番，這個時候顧客已經進入到了成交後的體驗，已經開始享受即將擁有產品或服務的喜悅。讓貼心的售後服務來促進成交轉化。

■ 七、優惠成交法

對於一些急於求利的客戶，行銷演講師可以利用優惠成交法，提供優惠條件吸引客戶購買。這是一種留有餘地的銷售策略，在成交難以達成的情況下，及時提出一些優惠條件，幫助銷售順利走出困境，最終成交。但是讓利不是無原則的，對於明顯惡意壓價的顧客，不能為了成交犧牲利潤。

■ 八、稀缺成交法

稀缺成交，其實就是「飢餓行銷」。在顧客面前塑造一種產品緊缺的假象，限時、限量、限名額的銷售情景，讓顧客覺得如果錯過就很難買到。這種情況在顧客想成交又有些猶豫不決的時候，非常有效。

為了促成成交，我們有很多的技巧，但是同樣也有幾點需要注意：不要誇大產品的用途和功效，過分宣傳；留意顧客流露出來的成交訊號；再一次確認顧客的需求；不要給顧客不斷提出新問題的機會，避免顧客對我們說「不」。我們要多為客戶提供體驗的機會，封閉客戶的問題選擇，抓住成交的時機，突破客戶的心理防線。

關於成交，還有一條最重要的法則，那就是今天沒有成交的訂單，明天就有可能飛走。所以能在今天成交的單子，一定要抓緊時機，千萬不要拖到明天。

電子書購買

爽讀 APP

國家圖書館出版品預行編目資料

掌控全場，從演講臺上征服市場：從認知系統
到成交系統，翻轉業績的行銷演講 / 曹譯文 著 .
-- 第一版 . -- 臺北市：財經錢線文化事業有限公司 , 2024.06
面；　公分
POD 版
ISBN 978-957-680-908-8(平裝)
1.CST: 銷售 2.CST: 行銷策略 3.CST: 演說術
496.5　　113008238

掌控全場，從演講臺上征服市場：從認知系統到成交系統，翻轉業績的行銷演講

臉書

作　　　者：曹譯文
發 行 人：黃振庭
出 版 者：財經錢線文化事業有限公司
發 行 者：財經錢線文化事業有限公司
E - m a i l：sonbookservice@gmail.com
粉 絲 頁：https://www.facebook.com/sonbookss/
網　　　址：https://sonbook.net/
地　　　址：台北市中正區重慶南路一段 61 號 8 樓
8F., No.61, Sec. 1, Chongqing S. Rd., Zhongzheng Dist., Taipei City 100, Taiwan
電　　　話：(02) 2370-3310　　　傳　　　真：(02) 2388-1990
印　　　刷：京峯數位服務有限公司
律師顧問：廣華律師事務所 張珮琦律師

定　　　價：375 元
發行日期：2024 年 06 月第一版
◎本書以 POD 印製
Design Assets from Freepik.com